W0269427

MONOGRAPHIEN AUS DEM GESAMTGEBIET DER PHYSIOLOGIE DER PFLANZEN UND DER TIERE

HERAUSGEGEBEN VON

M. GILDEMEISTER-LEIPZIG · R. GOLDSCHMIDT-BERLIN
C. NEUBERG-BERLIN · J. PARNAS-LEMBERG · W. RUHLAND-LEIPZIG

ACHTER BAND

REDIGIERT VON W. RUHLAND

PFLANZENATMUNG

VON

S. KOSTYTSCHEW

SPRINGER-VERLAG BERLIN HEIDELBERG GMBH

PFLANZENATMUNG

VON

DR. S. KOSTYTSCHEW

ORDENTLICHES MITGLIED DER RUSSISCHEN AKADEMIE
DER WISSENSCHAFTEN · PROFESSOR DER UNIVERSITÄT
ST. PETERSBURG

MIT 10 ABBILDUNGEN

SPRINGER-VERLAG BERLIN HEIDELBERG GMBH

ISBN 978-3-662-01762-3   ISBN 978-3-662-02057-9 (eBook)
DOI 10.1007/978-3-662-02057-9

Vorwort.

Im Anfang des 20. Jahrhunderts begann eine neue Periode der Erforschung der Pflanzenatmung. Die Entdeckung der zellfreien alkoholischen Gärung, eines mit rein chemischen Mitteln nicht ausführbaren Vorganges, gab Andeutung darauf, daß auch Stoffumwandlungen, die der normalen Pflanzenatmung zugrunde liegen, möglicherweise vom lebenden Plasma getrennt werden könnten. Bald darauf ist es in der Tat sowohl W. Palladin und dessen Mitarbeitern, als dem Verfasser dieses Buches gelungen, bei abgetöteten Pflanzen einen der Sauerstoffatmung vollkommen analogen fermentativen Gaswechsel festzustellen[1]). Dieser Befund war insofern von Bedeutung, als es nunmehr außer Zweifel gestellt war, daß der respiratorische Stoffwechsel nicht als eine Resultante von heterogenen im Plasma stattfindenden Reaktionen aufzufassen ist, sondern einen zwar aus mehreren Teilstufen bestehenden, doch immerhin einheitlichen chemischen Vorgang darstellt. Nur in diesem Falle erscheint selbstverständlich eine chemische Erforschung der bei der Atmung stattfindenden Stoffumwandlungen als möglich und zweckmäßig: wie könnte man z. B. schon die erste grundlegende Frage nach dem Atmungsmaterial aufwerfen, wenn die Atmung kein selbständiger Vorgang wäre?

Bereits vor der Entdeckung der „zellfreien Atmung" hat der Verfasser dieses Buches eine neue Theorie des genetischen Zusammenhanges der Sauerstoffatmung mit der alkoholischen Gärung entwickelt, die den modernen Anforderungen Genugtuung gewährte und als Arbeitshypothese bei Untersuchungen über die chemische Natur der Pflanzenatmung dienen konnte.

Erst die vorstehend erwähnten günstigen Momente haben eine regelmäßige biochemische Erforschung der Pflanzenatmung ein-

---

[1]) Die erste Mitteilung über die zellfreie Sauerstoffatmung der aeroben Pflanzen war: Kostytschew, S.: Über Atmungsenzyme der Schimmelpilze. Ber. d. botan. Ges. Bd. 22, S. 207. 1904; auch Maximov, N.: Ebenda. S. 325.

geleitet; früher wurde dagegen meistens nur die biologische Seite der Atmung und der Einfluß von Außenfaktoren studiert. Dies geschah aber nur deswegen, weil, wie oben angedeutet, keine Beweise zugunsten der einheitlichen chemischen Natur der Atmung vorlagen. Dementsprechend war auch die Methodik nicht genügend ausgearbeitet und hierdurch die biochemische Erforschung der Pflanzenatmung ungemein erschwert. Sobald aber der Weg einigermaßen geebnet war, haben die meisten Forscher ihre Aufmerksamkeit namentlich dem chemischen Wesen des respiratorischen Vorganges gewidmet, und im Laufe der beiden letzten Jahrzehnte erschienen zahlreiche Untersuchungen auf diesem Gebiete, indes experimentelle Arbeiten über die biologische Seite der Atmung und den Einfluß von Außenfaktoren in den Hintergrund traten. Dies ist auch durchaus begreiflich: besteht doch das Bestreben der Physiologie darin, sämtliche Lebenserscheinungen auf physikalische und chemische Vorgänge zurückzuführen und womöglich durch die Gesetze der beiden grundlegenden Wissenschaften zu erklären.

Das vorliegende Buch verfolgt den Zweck, den vorstehend geschilderten modernen Zustand der Lehre von der Pflanzenatmung darzustellen, und zwar die gesamte biochemische Seite des Problems von einem einheitlichen Standpunkte aus zu betrachten, was meines Wissens in der Fachliteratur noch nicht geschehen war. Besonders habe ich mich bestrebt, die Methodik auf eine solche Weise darzulegen, daß dieses Buch als Hilfsmittel bei experimentellen Untersuchungen über Pflanzenatmung dienen könnte. Dies erschien mir aus dem Grunde wünschenswert, weil der einschlägige Aufsatz von Palladin und Kostytschew in Abderhaldens Handbuch der biochemischen Arbeitsmethoden bereits vor 14 Jahren veröffentlicht und also in einigen Punkten nicht ganz modern geworden ist.

Peterhof, im Juli 1924.

S. Kostytschew.

Inhaltsverzeichnis.

I. Die Sauerstoffatmung.

1. Der allgemeine Begriff der Sauerstoffatmung.

Die meisten wichtigsten Lebensvorgänge sind mit Energieaufwand verbunden. So stellen die meisten Synthesen organischer Stoffe, wie z. B. der Aufbau von Eiweißstoffen, endotherme Reaktionen dar. Auch die verschiedenartigen architektonischen Vorgänge der Gewebedifferenzierung erheischen eine Energiezufuhr. Infolgedessen finden in allen Organismen spezifische Stoffumwandlungen statt, deren einziger Zweck ist, freie Energie zu entwickeln. Als energetische Vorgänge dienen bestimmte chemische Reaktionen, die von Wärmebildung begleitet sind. Die bei Sauerstoffabschluß stattfindenden energetischen Vorgänge bezeichnet man als Gärungen; sie sind einer beschränkten Gruppe der Mikroorganismen eigen. Weit verbreiteter sind vitale Oxydationsvorgänge, die eine bedeutende Energieentwicklung zur Folge haben und allgemein als Sauerstoffatmung oder kurzweg als Atmung bezeichnet werden.

Bereits Lavoisier hat darauf hingewiesen, daß die Atmung der Tiere als eine langsame Verbrennung aufzufassen ist, wobei Sauerstoff verbraucht und Kohlendioxyd abgeschieden wird. Die klassischen Untersuchungen Th. de Saussures [1]) ergaben, daß die Pflanzenatmung mit der Atmung der Tiere im wesentlichen identisch ist, da bei der Pflanzenatmung ebenfalls Sauerstoffabsorption und CO_2-Bildung zu verzeichnen sind. Auch hat de Saussure die Wasserbildung bei der Pflanzenatmung eingehend berücksichtigt und die vitale Bedeutung des gesamten Vorganges in trefflicher Weise erläutert. Der genannte Forscher ist also wohl als Begründer der Lehre von der Pflanzenatmung anzusehen.

Die Atmung dauert während des Lebens der Pflanze ununterbrochen fort und ist demnach mit einem bedeutenden Verbrauch des organischen Betriebsmaterials verbunden. Die ausgewachsenen grünen Pflanzen decken diesen Verlust im Vorgange der Photo-

---

[1]) de Saussure, Th.: Ann. de chim. Tome 24, p. 135 et 227. 1797; Recherches chimiques sur la végétation p. 8 et 60. 1804.

synthese, die chlorophyllfreien niederen Pflanzen ersetzen das verbrauchte Material durch von außen aufgenommene Nährstoffe; in keimenden Samen, die auf Kosten der Reservestoffe atmen, tritt aber der respiratorische Substanzverlust deutlich hervor. So hat Boussingault [1]) nachgewiesen, daß ungekeimte Samen immer ein größeres Trockengewicht haben, als aus denselben hervorgegangene Keimpflanzen, die noch keine photosynthetische Tätigkeit entwickelt haben. So z. B.

Objekt	Trockengewicht der Samen	Trockengewicht der Keimpflanzen	Gewichtsverlust bei der Keimung
46 Weizensamen	1,665 g	0,712 g	0,953 g = 57%
1 Maissame „géant" . . .	0,5292 g	0,290 g	0,2392 g = 45%
10 Erbsensamen	2,237 g	1,076 g	1,161 g = 52%

Die von Boussingault ausgeführten Elementaranalysen haben außer Zweifel gestellt, daß der Gewichtsverlust sich nur auf Kohlenstoff, Wasserstoff und Sauerstoff bezieht. Gegenwärtig ist festgestellt, daß namentlich Zuckerarten das normale Atmungsmaterial bilden; der gesamte Atmungsvorgang kann also durch folgende Gleichung dargestellt werden:

$$C_6H_{12}O_6 + 6\,O_2 = 6\,CO_2 + 6\,H_2O + 674\ \text{Cal.}$$

Somit ist die Sauerstoffatmung ein dem photosynthetischen Aufbau der Kohlenhydrate antagonistischer Vorgang. Die Zuckerproduktion im Chlorophyllkorn am Lichte wird durch folgende Gleichung ausgedrückt:

$$6\,CO_2 + 6\,H_2O + 674\ \text{Cal.} = C_6H_{12}O_6 + 6\,O_2$$

Es ist also ersichtlich, daß grüne Pflanzen bei der Atmung die am Sonnenlichte aufgespeicherte strahlende Energie in Form von chemischer Energie und Wärme wieder frei machen und zu verschiedenen vitalen Bedürfnissen ausnutzen. Chlorophyllfreie Pflanzen ernähren sich ebenfalls mit Stoffen, die in grünen Pflanzen auf Kosten von Sonnenenergie entstehen; auch in diesem Falle wird also die durch Chloroplasten aufgespeicherte Sonnenenergie wieder frei gemacht.

Obige Gleichung der Sauerstoffatmung ist selbstverständlich nur als ein allgemeines Schema anzusehen, das eine vollkommene vitale Zuckerverbrennung zu Kohlendioxyd und Wasser dar-

---

[1]) Boussingault, J. B.: Agronomie, chimie agricole et physiologie. Tome 4, p. 245. 1868.

stellt. Wenn wir nun mit Lavoisier die Atmung als eine langsame Verbrennung betrachten, so ist folgendes nicht außer acht zu lassen: Die Atmung ist nicht etwa einem mitten im Felde brennenden Scheiterhaufen, sondern vielmehr einer Verbrennung des Heizmaterials in einer Dampfmaschine analog. Nur im letzteren Falle wird die Verbrennungswärme nicht total zerstreut, sondern durch Vermittelung der sinnreichen planmäßigen Apparaturen zu einem bedeutenden Teil in mechanische Energie umgeformt. Auch die vitale Verbrennung in einer Pflanzenzelle bewirkt mannigfaltige Energieumwandlungen und setzt geheimnisvolle Apparaturen des lebenden Plasmas in Betrieb. Deshalb betrachten wir die Atmung als ein charakteristisches Kennzeichen des Lebendigen. Bei gesteigerter Lebenstätigkeit wird auch die Atmung energischer; brennt umgekehrt das Lebenslicht schwach, so erlischt allmählich der respiratorische Stoffwechsel.

2. Der Gasaustausch bei der Atmung.

Obschon die Atmungsenergie nur einen geringen Bruchteil des Wertes der photosynthetischen Energie der grünen Pflanzen ausmacht [1]), ist dennoch der Umstand von Wichtigkeit, daß der respiratorische Gaswechsel Tag und Nacht fortbesteht; auf diese Weise ist der Verbrauch des Atmungsmaterials, auf die Einheit der lebendigen Substanz berechnet, ein recht beträchtlicher. Die Atmungsenergie ist in hohem Grade abhängig von dem Entwicklungsstadium und von der Menge des lebenstätigen Plasmas. In schnell wachsenden und plasmareichen Pflanzenorganen steht der respiratorische Stoffwechsel demjenigen des tierischen Organismus kaum nach.

Als Maß der Atmungsenergie dient diejenige CO_2-Menge, die von der Einheit der lebendigen Substanz in Zeiteinheit abgeschieden wird. Gewöhnlich begnügt man sich damit, die CO_2-Produktion auf 1 g Tockensubstanz zu berechnen; es ist jedoch einleuchtend, daß bei dieser Art der Berechnung keine große Genauigkeit zu erzielen ist. Der Prozentgehalt des Plasmas ist in verschiedenen Pflanzen und Pflanzenteilen ein ungleicher, der respiratorische Gaswechsel hängt aber einzig und allein von der Tätigkeit des

---

[1]) Vgl. z. B. Willstätter, R. und A. Stoll: Untersuchungen über Assimilation der Kohlensäure. 1918; Kostytschew, S.: Ber. d. Bot. Ges. Bd. 39, S. 319. 1921.

lebenden Plasmas ab. Nun sind die Zellen der embryonalen Gewebe mit Plasma gefüllt, indes in Zellen der differenzierten Gewebe das Plasma meistens nur eine innere Wandbelegung bildet. Auch bestehen einige Gewebe, wie z. B. Holz und Kork, zum größten Teil aus toten Zellen, welche überhaupt nicht atmen. Darum haben einige Forscher den Versuch gemacht, genauere Methoden zur Bestimmung der Atmungsenergie zu ermitteln.

Palladin[1]) suchte die Abhängigkeit der Atmung von der Menge des tätigen Plasmas dadurch zu erläutern, daß er die N-Menge der im Magensaft unverdaulichen Eiweißstoffe des Versuchsmaterials bestimmte. Diesen Stickstoff betrachtete er als den Stickstoff der Nucleine, die den Hauptbestandteil des Plasmagerüstes bilden. Die Größe CO_2/N, d. i. die vom Versuchsmaterial abgeschiedene CO_2-Menge, bezogen auf die Stickstoffmenge der unverdaulichen Proteine, ist, Palladins Meinung nach, das richtigere Maß der Atmungsenergie, d. i. derjenigen CO_2-Menge, die von der Gewichtseinheit des Plasmas produziert wird.

Auch diese Art der Berechnung ist jedoch mit unvermeidlichen Fehlerquellen verbunden. Der Magensaft läßt nämlich nicht nur Nucleine, sondern auch einige Reserveproteine, z. B. Prolamine, unverdaut. Jedenfalls ist aber die Palladinsche Methode, trotz den Einwänden seitens verschiedener Forscher, immerhin genauer, als die einfache Berechnung des Kohlendioxydes auf Frisch- oder Trockengewicht des Versuchsmaterials.

Eine noch genauere Berechnung wäre allerdings wohl möglich. Zu diesem Zwecke sollte man die Atmungskohlensäure auf Nucleinphosphor oder Purinstickstoff beziehen; doch wurden derartige Bestimmungen noch nie ausgeführt. Dieselben sind übrigens technisch so umständlich, daß sie für zahlreiche quantitative Versuche wohl nicht in Betracht kommen. Andererseits ist die einfache Berechnung auf Gesamtgewicht doch zulässig in dem Falle, wo man mit Objekten zu tun hat, die keine bedeutende Mengen der toten Zellen enthalten und auch keinen sehr großen Cellulosegehalt aufweisen; so liefern z. B. derartige Resultate brauchbares Vergleichsmaterial bei Untersuchungen über niedere Organismen oder über embryonale Organe der Samenpflanzen. Die Atmungsenergie verschiedener Pflanzen und Pflanzenteile wird

---

[1]) Palladin, W.: Rev. gén. de bot. Tome 8, p. 225. 1896; Tome 11, p. 81. 1899; Tome 13, p. 18. 1901; Hettlinger, A.: Ebenda. Tome 13, p. 248. 1901; Burlakoff: Arb. d. Naturf. Ges. in Charkow. Bd. 31. 1897 u. a.

durch folgende Tabelle erläutert, die aus Versuchsergebnissen verschiedener Forscher zusammengestellt ist. Die Menge des abgeschiedenen Kohlendioxydes bzw. des aufgenommenen Sauerstoffs ist durchweg auf 1 g Trockengewicht berechnet.

Pflanzenobjekt	Atmungsenergie in 24 Stunden		
Ganz junge Weizenwurzeln[1]) bei 15—18°	67,9 ccm	O_2 absorb.	
Ältere Weizenwurzeln[1]) bei 15—18°.	82,8 „	„	„
Ganz junge Reiswurzeln[1]) bei 14—17°	44,4 „	„	„
Ältere Reiswurzeln[1]) bei 14—17°.	55,1 „	„	„
Wurzeln von Lamium album[1]) bei 18—19° . . .	62,5 „	„	„
„ „ Mentha aquatica[1]) bei 18—19° . .	37,2 „	„	„
„ „ Caltha palustris[1]) bei 18—19° . .	19,1 „	„	„
Blätter von Phleum pratense[1]) bei 20—21° . .	27,2 „	„	„
„ „ Lolium italicum[1]) bei 19—20° . .	24,8 „	„	„
„ „ Phragmites communis[1]) bei 19—20°	12,8 „	„	„
„ „ Veronica Beccabunga bei 16—17° .	24,8 „	„	„
Blattknospen von Syringa vulgaris[2]) bei 15°. .	35 „	CO_2 abgesch.	
„ „ Ribes nigrum[2]) bei 15° . . .	48 „	„	„
„ „ Tilia europaea[2]).	66 „	„	„
Sphagnum cuspidatum (Moos)[3])	32,9 „	„	„
Hyphnum cupressiforme (Moos)[3])	17,2 „	„	„
Keimende Samen von Sinapis nigra[2]) bei 16°. .	58,0 „	„	„
„ „ „ Lactuca sativa[2]) bei 16° .	82,5 „	„	„
„ „ „ Papaner somniferum bei 16°	122,0 „	„	„
Azotobacter chroococcum[4])	709,5 „	„	„
Aspergillus niger 4tägige Kultur auf Chinasäure[5])	276,1 „	„	„
„ „ 3tägige Kultur auf Chinasäure[5])	682,0 „	„	„
„ „ 2tägige Kultur auf Chinasäure[5])	1751 „	„	„
„ „ 2tägige Kultur auf Chinasäure[5])	1800 „	„	„
„ „ 2tägige Kultur auf Chinasäure[5])	1874 „	„	„
Bacillus mesentericus vulgatus[6])	1164,3 „	O_2 absorb.	

Aus dieser Tabelle ist ersichtlich, daß in einigen Fällen die Energie der Pflanzenatmung derjenigen der Tieratmung nicht nachsteht. Besonders intensiv ist die Atmung der Mikroorganismen während der Periode einer schnellen Entwicklung. Der Schimmel-

---

[1]) Freyberg: Landwirtschaftl. Versuchs-Stationen. Bd. 23, S. 463. 1879.

[2]) Garreau: Ann. des sc. nat. (3) Tome 15, p. 1. 1851.

[3]) Jönsson, B.: Cpt. rend. Tome 119, p. 440. 1894.

[4]) Stoklasa, J.: Ber. d. bot. Ges. Bd. 24, S. 22. 1906; Zentralbl. f. Bakteriol., Parasitenk. u. Infektionskrankh., Abt. II Bd. 21, S. 484. 1908.

[5]) Kostytschew, S.: Jahrb. f. wiss. Botanik. Bd. 40, S. 563. 1904.

[6]) Vignol, M.: Contribution a l'étude des Bactériacées. 1889.

pilz **Aspergillus niger** ist durch seine fabelhafte Wachstumsgeschwindigkeit bekannt: in 2—3 Tagen entwickeln sich auf
geeigneten Nährlösungen üppige zusammenhängende Pilzdecken.
Dementsprechend ist auch die Atmungsenergie von **Aspergillus
niger** eine auch unter den niederen Organismen außergewöhnliche.

Auch bei Samenpflanzen ist die Atmungsenergie von der
Wachstumsgeschwindigkeit in hohem Grade abhängig. Ruhende
Samen zeigen zwar eine Gewichtsabnahme, die teils auf Wasserverlust, teils auf Atmung zurückzuführen ist, doch ist aus direkten
quantitativen Bestimmungen von **Kolkwitz** [1] ersichtlich, daß
der Atmungsumsatz von ruhenden Samen äußerst geringfügig ist.
Die Atmungsenergie von 1 kg Samen ist gleich 1 ccm CO_2 bei einem
Wassergehalte von 10—11 %. Beachtenswert ist der Umstand, daß
eine Steigerung des Wassergehaltes der Samen auf 33 % bereits
einen Aufschwung der CO_2-Bildung auf 1200 ccm pro 1 kg zur
Folge hat. Es bleibt freilich dahingestellt, ob dieser Vorgang als
eigentliche Atmung, oder bloß als eine spontane Autoxydation
verschiedener in der Samenschale enthaltenen labilen Stoffe anzusehen ist [2]. Die vollkommen gequollenen Samen scheiden schon
ganz beträchtliche CO_2-Mengen aus.

Im Verlaufe der Samenkeimung steigt während der ersten
Tage die Geschwindigkeit des Wachstums; alsdann wird sie allmählich geringer. Die graphische Darstellung dieses Vorganges
ergibt die sogenannte Kurve der großen Wachstumsperiode. Verfolgt man nun den Verlauf der Atmung während der großen Wachstumsperiode, so erhält man die sogenannte große Atmungskurve
der keimenden Samen [3]; dieselbe ist derjenigen der großen Wachstumsperiode durchaus ähnlich. In den ersten Tagen der Keimung
nimmt die Atmungsenergie allmählich zu, erreicht schließlich
ein Maximum und sinkt dann wieder am Ende der Keimung.

ieser Zusammenhang der beiden Kurven ist leicht begreiflich.
Die für architektonische Wachstumsvorgänge notwendige mechanische Energie entwickelt sich im Atmungsvorgange; eine Zu-

---

[1] **Kolkwitz**, R.: Ber. d. bot. Ges. Bd. 19, S. 285. 1901; vgl. auch
Muntz: Cpt. rend. Tome 92, p. 97 et 137. 1881.

[2] **Becquerel**, P.: Cpt. rend. Tom. 138, p. 1347. 1904; Tome 143, p. 974
et 1177. 1906; Ann. sc. nat. Bot. (9) Tome 5, p. 193. 1907.

[3] **Mayer**, A.: Landwirtschaftl. Versuchs-Stationen. Bd. 18, S. 245.
1875; **Rischawi**: Ebenda. Bd. 19, S. 321. 1876. Die ersten Bestimmungen
der Atmung von keimenden Samen verdanken wir de **Saussure**: Mém.
soc. phys. de Genève. Tome 6, p. 557. 1833.

nahme des Energieverbrauches bedingt also eine entsprechende Steigerung der Energieproduktion. Eingehende Untersuchungen ergaben, daß embryonale wachsende Organe stärker atmen, als Endosperme[1]).

Bei der Samenreifung wird die Energie der Samenatmung nach und nach schwächer und erreicht einen minimalen Wert zur Zeit des vollkommenen Trockenwerdens der reifen Samen[2]).

Sehr intensiv ist die Atmung der Blüten[3]), die sich im allgemeinen schnell entwickeln und deren Existenz eine ephemere ist. Nach den Angaben de Saussures[4]) atmen Geschlechtsorgane energischer als Hüllblätter. Nach der Bestäubung wird die Atmung des Fruchtknotens sehr stark, was offenbar mit den Gestaltungsvorgängen bei der Bildung des Embryos zusammenhängt.

Die Analysen de Saussures zeigen, daß die Atmungsenergie von Blüten den $2-4^1/_2$ fachen Wert von derjenigen der Laubblätter erreicht[5]); nach neuesten Angaben, zeichnen sich anthocyanreiche Blätter durch besonders starke Atmung aus; namentlich soll bei ihnen die Sauerstoffaufnahme sehr ergiebig sein[6]). Die chlorophyllfreien parasitischen Phanerogamen atmen, nach älteren Untersuchungen verschiedener Forscher, ziemlich stark.

Das Verhältnis des abgeschiedenen Kohlendioxydes zum absorbierten Sauerstoff wird als Atmungsquotient bezeichnet und durch $\dfrac{CO_2}{O_2}$ ausgedrückt. Die Größe von $\dfrac{CO_2}{O_2}$ ist verschiedenen Schwankungen unterworfen, die beim antagonistischen Vorgange der photosynthetischen CO_2-Assimilation durch grüne Blätter nicht zu verzeichnen sind. Die schematische Gleichung der Sauerstoffatmung

$$C_6H_{12}O_6 + 6\,O_2 = 6\,CO_2 + 6\,H_2O$$

lautet zwar, auf Grund des Avogadroschen Gesetzes dahin, daß die Volumina von CO_2 und O_2, beim Gaswechsel einander gleich

---

[1]) Burlakoff: Arb. d. Naturf.-Ges. Charkow. Bd. 31, Suppl. 1. 1897.

[2]) Appleman and Arthur: Americ. journ. of bot. Vol. 5, p. 207. 1918; Journ. of agricult. research Vol. 17, Nr. 4. 1919.

[3]) de Saussure: Rech. chim. sur la végétation. 1804; Ann. de chim. et de physique (2). Tome 21, p. 279. 1822.

[4]) de Saussure: a. a. O.; Cahours: Cpt. rend. Tome 51, p. 496. 1864; Maige, A.: Ebenda. Tome 142, p. 104. 1906; Rev. gén. de bot. Tome 19, p. 9. 1907; Maige, G.: Ebenda. Tome 21, p. 32. 1909.

[5]) de Saussure: a. a. O.

[6]) Nicolas, G.: Cpt. rend. Tome 165, p. 130. 1918.

sein sollen, was auch in manchen Fällen zutrifft, doch sind verschiedenartige Abweichungen von dieser Regelmäßigkeit möglich. Dies kann von folgenden Ursachen herrühren.

I. Gleichzeitig mit der Sauerstoffatmung findet auch eine selbständige Sauerstoffaufnahme zu anderweitigen Zwecken statt. Der überschüssige Sauerstoff wird zur Bildung von organischen Carbonsäuren und sonstigen sauerstoffreichen Stoffen verwendet. In allen derartigen Fällen ist also $\dfrac{CO_2}{O_2} < 1$. Als allgemeine Beispiele dieser Art können diejenigen Atmungsvorgänge dienen, die bei der Samenkeimung[1]), ebenso wie überhaupt beim starken Wachstum und vegetativer Entwicklung[2]) stattfinden. Auch die Speicherung der organischen Säuren in reifenden fleischigen Früchten und in Succulenten bewirkt eine Herabsetzung des Wertes von $\dfrac{CO_2}{O_2}$.

II. In anderen Fällen wird im Gegenteil eine überschüssige CO_2-Menge durch Vorgänge gebildet, die ohne Sauerstoffaufnahme erfolgen; besonders verbreitet ist der Fall, wo Sauerstoffatmung und alkoholische Gärung simultan zustandekommen. Hierbei ist $\dfrac{CO_2}{O_2} > 1$. In den Anfangsstadien der Keimung von einigen Samen, deren derbe Schale für Sauerstoff wenig durchlässig ist, tritt alkoholische Gärung als normaler Keimungsvorgang hervor, solange die Samenschale vom Würzelchen nicht durchbohrt ist[3]). Analoge Erscheinungen sind bei der Atmung von Hefepilzen[4]) und einigen Mucoraceen[5]) zu verzeichnen. Es ist hier sowohl Sauerstoffatmung als alkoholische Gärung im Gange, und $\dfrac{CO_2}{O_2}$ ist größer als 1.

---

[1]) Bonnier, G. et Mangin: Ann. des sc. nat. (6) Tome 18, p. 364. 1886.

[2]) Palladin, W.: Ber. d. bot. Ges. Bd. 4, S. 322. 1886; Constamm: Rev. gén. de bot. Tome 25 bis, p. 539. 1914.

[3]) Polowzow, V.: Untersuch. über Pflanzenatmung. 1901; Kostytschew, S.: Biochem. Zeitschr. Bd. 15, S. 164. 1908; Physiol.-Chem. Untersuch. über Pflanzenatmung. 1910.

[4]) Buchner, E., Buchner, H. und M. Hahn: Die Zymasegärung S. 350. 1903; Kostytschew, S. und P. Eliasberg: Zeitschr. f. physiol. Chem. Bd. 111, S. 141. 1920.

[5]) Kostytschew, S.: Zentralbl. f. Bakteriol., Parasitenk. u. Infektionskrankh., Abt. II. Bd. 13, S. 490. 1904.

III. Verschiedenartige Schwankungen der Größe von $\dfrac{CO_2}{O_2}$ können davon herrühren, daß das vorrätige Atmungsmaterial eine andere prozentische Zusammensetzung hat, als Zucker. Dies ist der verbreitetste Grund der „abnormen“ Größe von $\dfrac{CO_2}{O_2}$. So fängt z. B. die Pflanze an, nach vollständigem Verbrauche der Zuckerarten und Mangel an genügendem Ersatz, die Eiweißstoffe des Plasmagerüstes zu verbrennen, wobei $\dfrac{CO_2}{O_2}$ auf 0,70—0,80 sinkt: Eiweiß ist nämlich sauerstoffärmer als Zucker und verbraucht also bei totaler Verbrennung zu CO_2, H_2O und N_2 auf die Gewichtseinheit eine größere Menge von Luftsauerstoff. In anderen Fällen wird der vorher unter evtl. ungünstigen Aerationsverhältnissen (s. o.) aufgespeicherte Äthylalkohol verbrannt. Die totale Alkoholverbrennung ist mit einem niedrigen Werte von $\dfrac{CO_2}{O_2}$ verbunden:

$$CH_3 \cdot CH_2OH + 3\,O_2 = 2\,CO_2 + 3\,H_2O.$$
$$\frac{CO_2}{O_2} = \frac{2}{3} = 0{,}66.$$

Dieser Vorgang tritt als normale Erscheinung bei der Keimung von Erbsensamen hervor, und zwar zu der Zeit, da die derbe Samenschale gesprengt wird. Der in den ersten Keimungsstufen (s. o.) aufgespeicherte Alkohol wird unter bedeutendem Sauerstoffkonsum verbrannt[1]). Hierbei ist die Größe von $\dfrac{CO_2}{O_2}$ sehr gering.

In anderen Fällen können jedoch sauerstoffreiche Stoffe, wie z. B. organische Säuren einer totalen Verbrennung anheimfallen, was eine bedeutende Steigerung der Größe von $\dfrac{CO_2}{C_2}$ herbeiführt. So ist der Atmungsquotient bei der totalen Verbrennung von Oxalsäure theoretisch gleich 4:

$$2\,COOH \cdot COOH + O_2 = 4\,CO_2 + 2\,H_2O.$$
$$\frac{CO_2}{O_2} = \frac{4}{1} = 4.$$

---

[1]) Kostytschew, S.: Physiol.-chem. Untersuch. über Pflanzenatmung. 1910. Russisch.

Bei dieser Verbrennung ist die Wärmetönung gewiß unbedeutend.

Bei der Verbrennung von Weinsäure ist $\dfrac{CO_2}{O_2} = 1{,}6$:

$$2 \cdot COOH \cdot CHOH \cdot CHOH \cdot COOH + 5\,O_2 = 8\,CO_2 + 6\,H_2O.$$

$$\frac{CO_2}{O_2} = \frac{8}{5} = 1{,}6.$$

Weiter unten wird der Beweis erbracht werden, daß sämtliche vorrätige stickstofffreie Stoffe beim Verbrauche zum Atmungsvorgange durch die Zwischenstufe von Zucker verbrannt werden. Hierdurch wird natürlich die theoretische Größe des Atmungsquotientes obiger Stoffe nicht beeinflußt. Es ist einleuchtend, daß bei der Umwandlung eines Nichtzuckerstoffs in Zucker genau dieselbe Sauerstoffmenge abgeschieden bzw. verbraucht wird, die bei einer direkten Verbrennung die „abnorme" Größe von $\dfrac{CO_2}{O_2}$ bewirkt. So wurden bei der Atmung von Ölsamen niedrige Werte von $\dfrac{CO_2}{O_2}$ wahrgenommen [1]), was damit zusammenhängt, daß Fette in Zuckerarten übergehen [2]). Ernährt man Fettsamen mit fertigem Zucker, so erreicht $\dfrac{CO_2}{O_2}$ die normale Größe 1, da unter den genannten Verhältnissen eine direkte Zuckerverbrennung einsetzt und die Fettveratmung unterbleibt [3]). Bei der Reifung von Ölsamen ist dagegen $\dfrac{CO_2}{O_2} > 1$, da Kohlenhydrate sich in Fett verwandeln, wobei eine gewisse Sauerstoffmenge disponibel wird; infolgedessen muß die Aufnahme des Luftsauerstoffs bei der Atmung abnehmen, da ein Teil des Kohlenstoffs durch den bei der Fettbildung übrig gebliebenen Sauerstoff zu CO_2 oxydiert wird [4]).

Für experimentelle Untersuchungen über $\dfrac{CO_2}{O_2}$ bilden die schnell wachsenden und energisch atmenden Schimmelpilze ein sehr geeignetes Versuchsmaterial. Die mit denselben ausgeführten Ver-

---

[1]) Godlewski, E.: Jahrb. f. wiss. Botanik. Bd. 13, S. 491. 1882.

[2]) Liaskowski, N.: Chemische Untersuchungen über die Keimung von Kürbissamen. 1874. Russisch.

[3]) Polowzow, V.: Untersuchungen über die Pflanzenatmung. 1901. Russisch.

[4]) Godlewski, E.: a. a. O.

suche haben in der Tat dargetan, daß $\dfrac{CO_2}{O_2}$ auf verschiedenen Kohlenstoffquellen nicht gleich groß ist [1]). Bei sehr ausgiebiger Atmung von Aspergillus niger gelingt es auf verschiedenen organischen Nährstoffen die denselben entsprechenden theoretischen Werte von $\dfrac{CO_2}{O_2}$ analytisch festzustellen [2]).

Auf Grund des vorstehend Dargelegten ist der Schluß zu ziehen, daß man die Wärmetönung der Atmung nicht immer auf eine direkte Zuckerverbrennung zurückführen darf. Dies ist nämlich nur in dem Falle zulässig, wo $\dfrac{CO_2}{O_2} = 1$ ist, wogegen $\dfrac{CO_2}{O_2} > 1$ als Merkmal einer niedrigeren Wärmetönung gilt. Was nun $\dfrac{CO_2}{O_2} < 1$ anbelangt, so sind in diesem Falle keine bestimmte Schlußfolgerungen möglich, da die geringe Größe des Atmungsquotientes von verschiedenen Ursachen abhängen kann. Findet totale Verbrennung eines sauerstoffarmen Atmungsmaterials (z. B. von Fett) statt, so ist selbstverständlich die Wärmetönung sehr groß, kommt aber nur eine Sauerstoffbindung zustande, die keine totale Verbrennung herbeiführt, so kann die Wärmetönung unter Umständen recht niedrig bleiben.

Die Wasserbildung bei der Pflanzenatmung ist leider unzureichend untersucht worden. Dies ist um so mehr zu bedauern, als namentlich die Ausgiebigkeit der Wasserbildung in manchen Fällen als Kennzeichen einer totalen Verbrennung des Atmungsmaterials dienen kann. Direkte analytische Bestimmungen des am Atmungsvorgange gebildeten Wassers findet man in der älteren Arbeit von N. Liaskowski[3]), doch wird hierdurch die Frage der Wasserbildung bei der Atmung nicht erledigt, da die immer stattfindenden hydrolytischen Vorgänge bedeutende, noch nicht erforschte Schwankungen der Wasserbildung hervorrufen. Experimentelle Untersuchungen über Wasserbildung sind

---

[1]) Diakonow, N.: Ber. d. bot. Ges. Bd. 5, S. 115. 1887; Puriewitsch, K.: Jahrb. f. wiss. Botanik. Bd. 35, S. 573. 1900.

[2]) Kostytschew, S.: Jahrb. f. wiss. Botanik. Bd. 40, S. 563. 1904.

[3]) Liaskowski, N.: a. a. O.; vgl. auch Landwirtschaftl. Versuchs-Stationen. Bd. 17, S. 219. 1874.

durch komplizierte Methoden und mannigfaltige Fehlerquellen erschwert; trotzdem ist es dringend notwendig, die so wichtige Lücke auszufüllen.

3. Produktion von strahlender Energie bei der Pflanzenatmung.

Die Pflanzenatmung ist, wie alle langsamen Verbrennungen, mit Wärmebildung verbunden. Die Wärmemenge hängt von dem jeweiligen Atmungsmaterial ab. Da bei der Pflanzenatmung meistens Kohlenhydrate als direktes Verbrennungsmaterial fungieren, so können wir als Ausgangspunkt für theoretische Betrachtungen die Verbrennungswärme von 1 Mol. Traubenzucker wählen. Dieselbe beträgt 674 Calorien [1]). Vorstehend wurde allerdings darauf aufmerksam gemacht, daß wir eine direkte Zuckerverbrennung nur in dem Falle annehmen dürfen, wo $\dfrac{CO_2}{O_2}$ auf Grund der ausgeführten Gasanalysen gleich 1 ist.

Die Pflanzen verfügen über keine thermoregulatorische Einrichtungen; deshalb ist die Temperatur des Pflanzenkörpers meistens von derjenigen des umgebenden Mediums kaum verschieden. Auf den ersten Blick scheint es also, daß die Atmung im Pflanzenorganismus keine Wärme erzeugt. In einigen Fällen, wo ziemlich große Pflanzenorgane einen bedeutenden respiratorischen Stoffwechsel zustande bringen, ist aber eine unmittelbare Temperatursteigerung ohne weiteres bemerkbar [2]). So zeigt eine direkte Temperaturmessung, daß in Cereusblüten zwischen den Staubfäden eine Temperaturzunahme von 1,2° stattfindet [3]). In Blüten von Victoria regia wurde eine Temperatursteigerung von 12,5° wahrgenommen [4]), in Blütenkolben von Arum italicum — eine solche von 36°; die Temperatur des Kolbens erreichte nämlich

---

[1]) Stohmann, F.: Journ. f. prakt. Chem. Bd. 19, S. 115. 1879; Bd. 31, S. 273. 1885; Zeitschr. f. Biol. Bd. 13, S. 364. 1894.

[2]) de Saussure: Ann. sc. nat. Tome 21, p. 285. 1822; Ann. de chim. et de physique (2) Tom. 21, p. 279. 1822; Dutrochet: Cpt. rend. Tome 8, p. 741. 1839; Tome 9, p. 613. 1839; Ann. sc. nat. (2) Tome 13, p. 1. 1840 u. a.

[3]) Leick, E.: Ber. d. bot. Ges. Bd. 33, S. 518. 1915; Bd. 34, S. 14. 1916.

[4]) Knoch, E.: Untersuchungen über die Morphologie und Biologie der Blüte von Victoria regia. S. 38. 1897.

51^0 bei einer Lufttemperatur von 15^0[1]). Die Wärmeproduktion von Arum kann durch Wundreiz noch gesteigert werden[2]). Auch beim Blühen von Ceratozamia und einigen Palmen wird eine bedeutende Wärmemenge frei[3]). Nun gelingt es leicht, auch bei verschiedenartigen anderen Pflanzen eine bedeutende Wärmeproduktion nachzuweisen, wenn man die Temperaturmessungen in einem Dewarschen Gefäß ausführt, oder sonstige ähnliche Kunstgriffe gegen Wärmezerstreuung verwendet. Auf diese Weise gelang es z. B. in Laubblättern eine Temperatur von 50^0 festzustellen[4]); ähnliche Temperaturen wurden bei der Atmung der Samen von verschiedenen Getreidearten verzeichnet. Die Selbsterhitzung des Heues, welche einen sehr hohen Grad erreicht, wird von verschiedenen Mikroben hervorgerufen, die eine enorme Wärmemenge produzieren[5]). Bei einigen Pflanzen ist die Atmung nicht nur von Wärme-, sondern auch von Lichtbildung begleitet. Der große britische Physiker Boyl bemerkte bereits, daß faules Holz in einem luftfreien Medium nicht leuchtet. Das Leuchten der Pflanzen ist in der Tat eine Folge der Sauerstoffatmung. Zu den leuchtenden Pflanzen gehören einige Pilze, wie Agaricus-, Polyporus-, Auricularia-Arten u. a.[6]); außerdem einige Algen und spezifische Bakterien (Photobacterium u. a.)[7]). Die leuchtenden Bakterien erlöschen bald auf den üblichen Nährmedien; das Leuchten erneuert sich in Kulturen auf Fischbouillon. Erst neuerdings wurde das Leuchten der Bakterien auf künstlichen Substraten von bestimmter Zusammensetzung wahrgenommen[8]). Das Leuchten findet nur innerhalb bestimmter

---

[1]) Kraus, G.: Abh. d. Naturf.-Ges. Halle. Bd. 16. 1882; Ann. Jard. bot. Buitenzorg. Tome 13, p. 217. 1896.

[2]) Sanders, C. B.: Report Brit. assoc. York p. 739. 1906.

[3]) Kraus, G.: a. a. O.

[4]) Molisch, H.: Bot. Zeitg. Bd. 66, S. 211. 1908; Zeitschr. f. Botanik. Bd. 6, S. 305. 1914.

[5]) Literaturangaben bei Miehe, H.: Die Selbsterhitzung des Heues. 1907; vgl. auch Gorini, C.: Atti d. Reale Accad. dei Lincei, rendiconto (5). Vol. 23, H. I, p. 984. 1914; Burri, R.: Landwirtschaftl. Jahrb. Bd. 33, S. 23. 1919 u. a.

[6]) Smith, W. G.: Gardiners Chronicle. Vol. 7, p. 83. 1877; Crié, L.: Cpt. rend. Tome 93, p. 853. 1884; Kutscher, F.: Zeitschr. f. physiol. Chem. Bd. 23, S. 109. 1897; Atkinson: Bot. Gaz. Tome 14, p. 19. 1889 u. a.

[7]) Beijerinck: Medd. Akad. Amsterdam. 1890. No. II, p. 7; Molisch, H.: Leuchtende Pflanzen. 2. Aufl. 1912.

[8]) Chodat, R. et de Coulon: Arch. sc. phys. et natur. Genève (4) Tome 41, p. 237. 1916.

Temperaturgrenzen statt; beachtenswert ist der Umstand, daß leuchtende Bakterien oft zu der Gruppe von Fäulnisspaltpilzen gehören, die mit Eiweißstoffen allein (d. i. bei Ausschluß von Kohlenhydraten) gut auskommen. Die Intensität des bakteriellen Lichtes ist genügend um Chlorophyllbildung in etiolierten Pflanzen hervorzurufen[1]).

Das Wesen des Leuchtens besteht darin, daß bei der Atmung der leuchtenden Pflanzen bestimmte Stoffe entstehen, die auch nach dem Tode leuchten und als Luciferine bezeichnet werden. Ihre chemische Natur ist noch nicht festgestellt, doch ist es sehr wahrscheinlich, daß die Luciferine in die Gruppe von Eiweißstoffen zu zählen sind[2]) und unter dem Einfluß von spezifischen Fermenten entstehen[3]). Es ist übrigens wohl bekannt, daß etliche organische Stoffe bei langsamer Oxydation leuchten.

Verschiedene Forscher haben sich bemüht, die von der Pflanze ausgenutzte Atmungsenergie quantitativ zu bestimmen. Es ist von vornherein einleuchtend, daß der Bruchteil der Gesamtenergie der Atmung, der nicht in Form von strahlender Energie zerstreut, sondern im Protoplasma zu verschiedenen vitalen Zwecken verwendet wird, unter Umständen ziemlich gering sein kann; wissen wir doch, wie unbedeutend der ökonomische Quotient unserer Dampfmaschinen und anderer Heizapparate ist. Erste calorimetrische Bestimmungen wurden mit ruhenden Organen ausgeführt[4]); kein Wunder, daß hierbei die bei der Atmung erzeugte strahlende Energie der Gesamtwärme der Zuckerverbrennung ziemlich gleich war. Folgende Tabelle von Rodewald zeigt, welche Wärmemenge der Abgabe von 1 ccm CO_2 bzw. der Aufnahme von 1 ccm Sauerstoff entspricht.

---

[1]) Issatschenko, B.: Abh. d. botan. Gartens in St. Petersburg. Bd. 11, S. 31 u. 44. 1911.

[2]) Dubois, R.: Cpt. rend. Tome 111, p. 363. 1890; Tome 123, p. 653. 1896; Tome 153, p. 690. 1911; Tome 165, p. 33. 1917: Tome 166, p. 578. 1918; Cpt. rend. des séances de la soc. de biol. Tome 81, p. 317. 1918; Tome 82, p. 840. 1919.

[3]) Dubois, R.: a. a. O.; Harvey, E. N.: Americ. journ. of physiol. Vol. 44, p. 449. 1916; Vol. 42, p. 318, 342, 349. 1917; Journ. of gen. Physiol. Vol. 5, p. 275. 1923.

[4]) Rodewald: Jahrb. f. wiss. Botanik. Bd. 18, S. 263. 1887; Bd. 19. S. 221. 1888; Bd. 20, S. 261. 1889.

CO_2 abgeschieden	O_2 absorbiert	$\dfrac{CO_2}{O_2}$	Wärme produziert in Kalorien	Auf je 1 cc CO_2 Wärme in Kalorien	Auf je 1 cc O_2 Wärme in Kalorien
6,175	5,842	1,06	30,3	4,91	5,19
4,883	4,354	1,12	19,7	4,03	4,53
4,625	4,507	1,03	19,6	4,24	4,35

Die Bestimmungen von Bonnier [1]) ergaben sogar eine größere Wärmeproduktion, als sie der gesamten Zuckerverbrennung entspricht (die Atmung ist auch, wie bekannt, nicht die einzige Energiequelle der lebenden Zelle). Die neueren sorgfältigen Untersuchungen von L. C. Doyer) lieferten jedoch andere Resultate. Es ergab sich, daß während der Perioden, wo gewaltige Wachstums- und Gestaltungsvorgänge zustande kommen, wie es z. B. in den ersten Tagen der Samenkeimung der Fall ist, der größte Teil der Atmungsenergie zu vitalen Zwecken verwendet wird und nur wenig Energie in Form von Wärme entweicht. So z. B.

Weizenkeimlinge.

Tag der Keimung	Atmungsenergie auf 1 kg bei 25^0 (nach CO_2-Abscheidung) in Kalorien	Unmittelbar als Wärme gemessene Energie auf 1 kg bei 25^0 in Kalorien
2. Tag	2135	363
3. Tag	3802	540
4. Tag	6277	2938
5. Tag	6886	3216
6. Tag	8837	4341

Es ist also ersichtlich, daß am zweiten Tage der Keimung nur 12% der gesamten Energie als Wärme zerstreut wird; der größte Teil der chemischen Energie wird zu den Gestaltungsvorgängen ausgenutzt. Selbst am sechsten Tage wurde nur die Hälfte der Gesamtenergie als Wärme wiedergefunden.

Nach den neuesten Bestimmungen scheiden Schimmelpilze den größten Teil der Atmungsenergie in Form von Wärme ab [3]). Auch in diesem Falle wurden jedoch ältere Pilzdecken zu den Versuchen verwendet. Es ist kaum zweifelhaft, daß ganz junge, kräftig wachsende Pilzdecken ganz andere Resultate liefern könnten.

---

[1]) Bonnier, G.: Ann. sc. nat. (7) Tome 18, p. 1. 1893.

[2]) Doyer, L. C.: Medd. Akad. Wet. Amsterdam. Tome 17, p. 62. 1914; Recueil des trav. bot. néerland. Tome 12, p. 372. 1915.

[3]) Molliard, M.: Cpt. rend. des séances de la soc. de biol. Tome 87, p. 219. 1922.

4. Der Einfluß von verschiedenen Außenfaktoren auf die Sauerstoffatmung.

Vorstehend wurde darauf hingewiesen, daß die Atmung, als ständige Begleiterin des Lebens, ein Kriterium des Lebenszustandes der Zelle ist. Die Veränderungen des Atmungsvorganges unter dem Einflusse der äußeren Faktoren können also oft als direktes Maß der Reaktion des lebenden Plasmas auf verschiedene Reize gelten. Deshalb wurden verschiedenartige Untersuchungen über die Einwirkung der äußeren Reize auf die Atmung von manchen Forschern ausgeführt. Wir werden sie nur in aller Kürze betrachten: das Hauptziel der modernen Forschung ist die Lösung des Problems nach dem eigentlichen Wesen der Atmung; diese Fragen sind in den folgenden Kapiteln behandelt.

Der Einfluß der Temperatur auf die Atmung. Viele Pflanzen atmen noch bei Temperaturen, die weit unter 0^0 liegen [1]. So dauert die Atmung der Blätter von Coniferen und Viscum bei -20^0 fort [2], allerdings in einem sehr langsamen Tempo. Temperatursteigerung bewirkt immer eine Zunahme der Atmungsenergie, wobei meistens die van't Hoffsche Regel gilt [3], daß der Temperaturquotient, wie bei allen Reaktionen organischer Stoffe, gleich 2—3 bleibt. Entgegen der Meinung verschiedener älterer Forscher, kann gegenwärtig als festgestellt gelten, daß für die Pflanzenatmung keine optimale Temperatur zu verzeichnen ist. Die Menge des abgeschiedenen Kohlendioxydes nimmt regelmäßig zu bei allmählicher Temperatursteigerung, erreicht schließlich einen maximalen Wert und verbleibt dann auf demselben Niveau bis zum Tode der Pflanze durch übermäßig hohe Temperatur [4] (etwa bei 50^0). Starke Temperaturschwankungen bewirken eine Zunahme der Atmungsenergie [5]; es ist kaum zweifelhaft, daß wir es hier mit einer komplizierten Reizwirkung zu

---

[1] Kreusler, U.: Landwirtschaftl. Jahrb. Bd. 17, S. 161. 1888.

[2] Maximow, N.: Bot. Journ. d. Naturf.-Ges. in Petersburg 1908. S. 23.

[3] van't Hoff: Vorlesungen. Bd. 1, S. 229; Arrhenius, S.: Zeitschr. f. physikal. Chem. Bd. 4, S. 226. 1889; Matthaei, G. L. C.: Phil. trans. roy. soc. Vol. 197 B, p. 47. 1904; Blackman, F. F. and Matthaei: Proc. of the roy. soc. of London. Vol. 76 B, p. 402. 1905; Smith, A. M.: Proc. of the Cambridge philos. soc. Vol. 14, p. 296. 1907 u. a.

[4] Bonnier, G. et Mangin: Ann. sc. nat. Bot. (6) Tome 17, p. 210. 1884; Tome 19, p. 217. 1884.

[5] Palladin, W.: Rev. gén. de bot. Tome 11, p. 241. 1899.

tun haben. Dieselbe Erklärung gilt auch für den Einfluß des warmen Bades auf die Atmung[1]); das Warmbad ist eine starke Reizwirkung, die in der gärtnerischen Praxis mit Erfolg zur Kürzung der Periode der Winterruhe verwendet wird.

Kommt beim respiratorischen Gaswechsel eine totale Verbrennung des Atmungsmaterials zustande, so bleibt $\dfrac{CO_2}{O_2}$ bei verschiedenen Temperaturen vollkommen konstant[2]). Nicht so steht es bei Succulenten, die bei niederen Temperaturen eine unvollkommene Zuckeroxydation bewirken und einen Sauerstoffüberschuß aufnehmen, der zur Bildung von organischen Säuren dient. Bei höheren Temperaturen wird der Zucker restlos verbrannt und $\dfrac{CO_2}{O_2}$ ist gleich 1[3]).

Der Einfluß des Lichtes auf die Atmung. Die stimulierende Wirkung des Lichtes auf die Atmung der chlorophyllhaltigen Pflanzenteile [4]) ist zweifellos darauf zurückzuführen, daß namentlich am Lichte Kohlenhydrate entstehen, die alsdann als Atmungsmaterial dienen. Die Atmung der chlorophyllfreien Pflanzen und Pflanzenteile wird vom Lichte entweder gar nicht beeinflußt [5]), oder ein wenig herabgesetzt [6]). Es muß jedoch darauf aufmerksam gemacht werden, daß sämtliche Untersuchungen über den Einfluß des Lichtes auf die Pflanzenatmung in Abwesenheit von lichtempfindlichen Stoffen ausgeführt worden waren. Es wäre daher höchst interessant, Experimente über die Einwirkung von lichtempfindlichen Katalysatoren auf den respiratorischen Gaswechsel bei intensiver Beleuchtung anzustellen. Auch wurde bei der Erforschung der Lichtwirkung nicht immer der Einfluß der

---

[1]) Iraklionoff: Jahrb. f. wiss. Botanik. Bd. 51, S. 515. 1912; Arb. d. Petersb. Naturf.-Ges. Bd. 42, S. 241. 1911.

[2]) Puriewitsch, K.: Ann. sc. nat. bot. (8) Tome 1, p. 1. 1905.

[3]) Aubert, E.: Rev. gén. de bot. Tome 4, p. 203. 1892.

[4]) Borodin, J.: Physiologische Untersuchungen über die Atmung der Laubsprosse. 1876. Russisch.

[5]) Maximow, N.: Zentralbl. f. Bakteriol., Parasitenk. u. Infektionskrankh., Abt. II. Bd. 9, S. 193. 1902.

[6]) Bonnier et Mangin: Cpt. rend. Tome 96, p. 1075. 1883; Tome 99, p. 160. 1884; Tome 102, p. 123. 1886; Ann. sc. nat. bot (6) Tome 17, p. 210. 1884; Tome 18, p. 293. 1884; Tome 19, p. 217. 1884; Elfving: Studien über die Einwirkung des Lichtes auf die Pflanze. 1890; Lewschin, A.: Beih. z. bot. Zentralbl. Bd. 23 H. I, S. 54. 1907.

Erwärmung des Objekts durch Lichtstrahlen berücksichtigt. A. Mayer und Deleano[1]) haben eine tägliche Periodizität der Atmungsintensität unter natürlichen Verhältnissen notiert. Interessant ist die Annahme von Spoehr[2]), daß am Tage die Atmung der Gewächse dadurch gesteigert wird, daß unter dem Einflusse der Sonnenstrahlen eine Ionisation des atmosphärischen Sauerstoffs stattfindet, und infolgedessen die Autoxydationen im Plasma befördert werden.

Der Einfluß der Sauerstoffkonzentration auf die Atmung. Bereits Saussure[3]) hat hervorgehoben, daß eine Verminderung des Sauerstoffgehaltes auf die Hälfte der normalen Konzentration in der umgebenden Luft keinen Einfluß auf die Pflanzenatmung ausübt. Wilson [4]) hat späterhin dargetan, daß Pflanzen in einem künstlichen Gemisch aus 0,2 Teilen atmosphärischer Luft und 0,8 Teilen Wasserstoff normal atmen, und zwar dieselbe Atmungsintensität aufweisen, wie in gewöhnlicher Luft. Selbst bei einem Sauerstoffgehalt von $1\,^0/_0$ war keine Hemmung der Pflanzenatmung zu verzeichnen. Das Verhältnis $\dfrac{CO_2}{O_2}$ vergrößert sich ebenfalls nur bei einem sehr niedrigen Sauerstoffgehalt $(1-2\,^0/_0)$ [5]). In reinem Sauerstoff atmen die Pflanzen mit gesteigerter Energie, gehen aber alsbald zugrunde [6]).

Im Anschluß daran wurde die Frage aufgeworfen, ob im Innern großer Pflanzenteile unter natürlichen Verhältnissen sich nicht wegen der unzureichenden Aeration Sauerstoffmangel geltend macht? Ältere Forscher[7]) haben sich dahin ausgesprochen, daß die planmäßige Einrichtung der Pflanzenorgane einen Sauerstoffmangel ausschließt, doch ergab es sich nachträglich, daß diese Frage komplizierter ist, als sie zunächst erschien. Es wurde

---

[1]) Mayer, A. und Deleano: Zeitschr. f. Botanik. Bd. 3, S. 657. 1911.

[2]) Spoehr, H. A.: Botan. Gazette. Tome 59, p. 366. 1916.

[3]) de Saussure, Th.: Mém. de la soc. phys. de Genève. Tome 6, p. 552. 1833.

[4]) Wilson: Untersuch. aus d. botan. Inst. Tübingen. Bd. 1, S. 685. 1885.

[5]) Johannsen, W.: Untersuch. aus d. botan. Inst. Tübingen. Bd. 1, S. 716. 1885; Stich, C.: Flora. Bd. 74, S. 1. 1891.

[6]) Borodin, J.: Botan. Zeitung. Bd. 39, S. 127. 1881; Déhérain et Landrin: Cpt. rend. Tome 78, p. 1488. 1874.

[7]) Pfeffer, W.: Abh. Math.-physik. Klasse Sächs. Ges. d. Wiss. Bd. 15. S. 449. 1889; Celakowski: Flora. Bd. 76, S. 194. 1892.

nämlich dargetan, daß lebende Holzparenchymzellen[1]), Wurzeln[2]) und keimende Samen mit derber gequollener Schale[3]) unter natürlichen Verhältnissen an Sauerstoffmangel leiden. Auch in großen Früchten ist die prozentische Zusammensetzung der Gasmischung im inneren Hohlraume nicht dieselbe wie diejenige der atmosphärischen Luft. Eine Analyse der im Hohlraume eines großen Kürbis enthaltenen Gase ergab folgendes Resultat: $CO_2 = 2,52\,^0/_0$, $O_2 = 18,29\,^0/_0$[4]). In diesem Falle kann allerdings von Sauerstoffmangel nicht die Rede sein[5]). Es ist die Annahme nicht ausgeschlossen, daß einige Pflanzen über ziemlich bedeutende Mengen locker gebundenen Sauerstoffs verfügen. Dieser Sauerstoff wird je nach Bedarf in aktivem Zustande freigemacht und zur Oxydation des Atmungsmaterials verwendet.

Der Einfluß der CO_2-Konzentration auf die Atmung. Grüne Pflanzen können ohne Schaden große CO_2-Konzentrationen am Lichte vertragen; sonst übt aber, nach de Saussure, bereits ein $4\,^0/_0$iger Gehalt an Kohlendioxyd schädliche Wirkung auf Pflanzen aus. Bei hohem CO_2-Gehalte wird gar die Samenkeimung gehemmt[6]), jedoch nach Herstellung der normalen Zusammensetzung der umgebenden Atmosphäre wieder in Gang gesetzt[7]). Auch Protoplasmaströmungen werden durch CO_2 zum Stillstand gebracht[8]). Beachtenswert ist der Umstand, daß $\dfrac{CO_2}{O_2}$ selbst in Gegenwart von $40\,^0/_0$ CO_2 nicht verändert wird[9]).

---

[1]) Devaux: Cpt. rend. Tome 128, p. 1346. 1899; Mém. de la soc. sciences phys. et natur. Bordeaux, 15 juin. 1899.

[2]) Stoklasa, J. und A. Ernest: Jahrb. f. wiss. Botanik. Bd. 46, S. 55. 1909.

[3]) Kostytschew, S.: Biochem. Zeitschr. Bd. 15, S. 164. 1908; Physiol.-chem. Untersuch. über die Pflanzenatmung. 1910. Russisch.

[4]) Devaux, H.: Ann. sc. nat. Botan. (7). Tome 14, p. 297. 1891; Rev. gén. de bot. Tome 3, p. 49. 1891.

[5]) Gerber: Ann. sc. nat. (8). Tome 4, p. 1. 1896 sucht jedoch nachzuweisen, daß im Inneren der fleischigen Früchte oft bedeutender Sauerstoffmangel herrscht, weshalb auch alkoholische Gärung als normaler Vorgang in Früchten eingeleitet wird.

[6]) Bernard, Cl.: Leçons sur les effets des subst. toxiques. 1883. p. 200.

[7]) Kidd, F.: Proc. of the roy. soc. of London. Vol. 87 B, p. 609. 1914; Vol. 89 B, p. 136, 612. 1915.

[8]) Lopriore: Jahrb. f. wiss. Botanik. Bd. 28, S. 571. 1895.

[9]) Déhérain et Maquenne: Ann. de la science agronom. franç. et étrangère. Tome 12. 1886.

Der Einfluß der Nährstoffe auf die Atmung. Borodin[1]) hat zuerst darauf hingewiesen, daß die am Lichte in grünen Pflanzenteilen entstehenden Kohlenhydrate die Atmungsintensität steigern. Späterhin wurde die große Bedeutung der Zuckerarten für die Atmung durch verschiedene Forscher außer Zweifel gestellt. Besonders instruktiv sind in dieser Beziehung die Versuche von Palladin[2]) der grüne und etiolierte junge Blätter verschiedener Pflanzen mit Lösungen von Zuckerarten und anderen organischen Nährstoffen ernährte und alsdann die Atmungsintensität der Versuchsobjekte maß. Es ergab sich, daß Blätter, die einen sehr geringen Vorrat an Kohlenhydraten führen, im allgemeinen ganz schwach atmen; Zuckergabe bewirkt bei solchen Blättern immer einen sehr deutlichen Aufschwung der Atmungsintensität. Die Schwankungen von $\dfrac{CO_2}{O_2}$ unter dem Einflusse der prozentischen Zusammensetzung der organischen Nährstoffe wurden bereits vorstehend besprochen.

Der Einfluß von Konzentrationen verschiedener Lösungen auf die Atmung. Für Schimmelpilze und andere auf Lösungen verschiedener organischer Stoffe wachsende niedere Pflanzen ist die Konzentration der Lösung von hervorragender Bedeutung. Auf konzentrierten Zuckerlösungen ist die Atmung meistens schwächer, als auf verdünnten Lösungen[3]). Dieselbe Regel wurde auch für junge Blätter der Samenpflanzen festgestellt, wenn dieselben künstlich mit Zucker ernährt werden[4]). Die hemmende Wirkung der hohen Zuckerkonzentrationen ist wahrscheinlich auf osmotische Reizung zurückzuführen: auch Lösungen der Mineralsalze rufen dieselbe Erscheinung hervor[5]). Übrigens ist die Einwirkung von Mineralstoffen auf die Sauerstoffatmung der Pflanzen ein ziemlich komplizierter Vorgang[6]).

---

[1]) Borodin, J.: Physiologische Untersuchungen über die Atmung der Laubsprosse. 1876. Russisch.

[2]) Palladin, W.: Rev. gén. de botan. Tome 5, p. 449. 1893; Tome 6, p. 201. 1894; Tome 13, p. 18. 1901; Maige, A. et G. Nicolas: Cpt. rend. Tome 147, p. 139. 1908; Rev. gén. de botan. Tome 22, p. 409. 1910.

[3]) Kosinski: Jahrb. f. wiss. Botanik. Bd. 34, S. 137. 1902.

[4]) Palladin, W. et Komlew: Rev. gén. de botan. Tome 14. p. 497. 1902.

[5]) Inman, O. L.: Journ. of gen. physiol. Vol. 3, p. 533. 1921.

[6]) Krzemieniewski, S.: Bull. acad. Cracovie. 1902; Zaleski, W. und Reinhard: Biochem. Zeitschr. Bd. 23, S. 193. 1909.

Hier spielt u. a. der Antagonismus der Metallionen eine wichtige Rolle. Die Plasmavergiftung durch nicht ausgeglichene Lösungen offenbart sich sofort durch Herabsetzung der Atmungsintensität. Ausgeglichene Lösungen üben dagegen keine schädliche Wirkung aus, und die Atmungsintensität bleibt normal[1]).

Der Einfluß von chemischen und mechanischen Reizwirkungen auf die Atmung. Es ist bekannt, daß die Reaktion des lebenden Plasmas auf verschiedene Reizwirkungen bestimmten Gesetzmäßigkeiten unterworfen ist. Schwache Reizungen bewirken eine gesteigerte Plasmatätigkeit, welche diejenige des nicht gereizten Plasmas oft weit überholt. Etwas stärkere Reize rufen dieselbe Wirkung hervor; nach Ablauf einer bestimmten Zeit erfolgt aber ein Zustand der Plasmaermüdung, und die Lebenstätigkeit steht dann derjenigen des normalen Zustandes nach. Sehr starke Reizwirkungen haben sofort eine bedeutende Herabsetzung der Lebenstätigkeit zur Folge.

Die Resultate der Reizwirkungen auf die lebende Zelle können bequem nach den Veränderungen des Atmungsvorganges verfolgt werden. So ruft z. B. Wundreiz eine gesteigerte Plasmatätigkeit hervor, zwecks Heilung der Wunde. Hierbei bemerkt man eine bedeutende Zunahme der Atmungsintensität[2]) und der abgeschiedenen Wärme. Da in diesem Falle lebhafte Wachstums- und Gestaltungsvorgänge stattfinden, so tritt eine Verminderung der Größe von $\dfrac{CO_2}{O_2}$ ein.

Chemische Reizwirkungen werden am besten durch schwache Vergiftungen hervorgerufen. Die Stärke des Reizes kann in diesem Falle je nach Wunsch verändert werden durch Verabreichung verschiedener Giftmengen. Die Einwirkungen von Giftstoffen auf die Sauerstoffatmung der Pflanzen ergaben auch in den Versuchen verschiedener Forscher nicht dieselben

---

[1]) Gustafson, F. G.: Journ. of gen. physiol. Vol. 2, p. 17. 1919; Moldenhauer-Brooks, M.: Ebenda. Vol. 3, p. 337. 1921.

[2]) Boehm: Botan. Zeitung. Bd. 45, S. 671. 1887; Stich, C.: Flora Bd. 74, S. 1. 1891; Smirnoff: Rev. gén. de botan. Tome 15, p. 26. 1903; Tscherniaeff: Ber. botan. Ges. Bd. 23, S. 207. 1905; Richards: Ann. of botany Vol. 10, p. 531. 1896; Vol. 11, p. 29. 1897; Zaleski, W.: Ber. d. botan. Ges. Bd. 19, S. 331, 1901; Dorofeieff: Ebenda. Bd. 20, S. 396. 1902; Krasnoselsky, T.: Ebenda. Bd. 24, S. 134. 1906 u. a.

Resultate[1]). Bei ganz schwacher Narkose steigt die Atmungsintensität und verbleibt eine längere Zeit hindurch im stimulierten Zustande, wonach schließlich wieder normale Verhältnisse zurückkehren[2]). Bei stärkeren Vergiftungen ist die Steigerung der Atmung von einer nachfolgenden Hemmung begleitet[3]). Starke Gifte, in genügend großen Mengen verwendet, bewirken sogleich eine bedeutende Hemmung der Atmung[4]). Unter dem Einflusse des Cyanwasserstoffs wird die CO_2-Ausscheidung in einigen Fällen vollkommen eingestellt, ohne daß der Tod erfolgt; die Sauerstoffaufnahme dauert in geringem Umfange fort, und nach einiger Zeit wird, bei Entfernung des Giftes, der normale Zustand wieder hergestellt[5]). Nach einem dauernden Verweilen im sauerstofffreien Medium wird der Schimmelpilz Aspergillus niger durch die Produkte des anaeroben Stoffwechsels so stark vergiftet, daß der Gaswechsel gleich Null wird, obgleich der Pilz noch nicht zugrunde gegangen ist[6]).

Folgende, der umfangreichen Monographie von Morkowin[7]) entnommene Tabelle kann die stärksten Steigerungen der Atmungsenergie durch Giftstoffe erläutern.

Pflanzenobjekt	Nicht gereizt CO_2 in mg	Gereizt CO_2 in mg	Reizstoff
Etiol. Blätter von Lupinus luteus	124,9	242,6	Paraldehyd
Etiol. Blätter von Vicia Faba .	160,4	296,3	Äther
,, ,, ,, ,, ,, .	189,9	229,5	Pyridin
,, ,, ,, ,, ,, .	82,5	178,2	Cocain
,, ,, ,, ,, ,, .	49,3	89,3	Morphin
,, ,, ,, ,, ,, .	39,7	105,6	Chinin
,, ,, ,, . ,, ,, .	45,6	97,8	Solanin

[1]) Elfving: Ofvers. af Finska Vet. Soc. Vol. 28. 1886; Johannsen: Botan. Zentralbl. Bd. 68, S. 337. 1896; Morkowin, N.: Der Einfluß von anästhetischen und giftigen Stoffen auf die Pflanzenatmung. 1901. Russisch; Jacobi, B.: Flora Bd. 86, S. 289. 1899.

[2]) Irving, A.: Ann. of botany. Vol. 25, p. 1077. 1911; Thoday, D.: Ebenda. Vol. 27, p. 697; 1913; Haas, Bot. Gaz. Vol. 67, p. 347. 1919.

[3]) Zaleski, W.: Zur Frage der Einwirkung von Reizstoffen auf die Pflanzenatmung. 1907. Russisch.

[4]) Warburg, O.: Zeitschr. f. physiol. Chem. Bd. 79, S. 421. 1912.

[5]) Schroeder, H.: Jahrb. f. wiss. Botanik. Bd. 44. S. 409. 1907.

[6]) Kostytschew, S.: Untersuchungen über die anaerobe Atmung der Pflanzen. 1907. Russisch.

[7]) Morkowin, N.: Der Einfluß von anästhetischen und giftigen Stoffen auf die Pflanzenatmung. 1901. Russisch.

Von den allgemeinen Erklärungen der Giftwirkungen sind folgende beachtenswert.

Palladin [1]) nimmt an, daß unter dem Einfluß von Giften eine starke Produktion von Atmungsfermenten in der gereizten Zelle stattfindet. Dies ist, Palladins Meinung nach, eine allgemeine Folge von schwachen Vergiftungen. Es ist festgestellt, daß fermentative Oxydations- und Gärungsvorgänge durch Alkaloide und andere Reizstoffe außerhalb der Zelle nicht gesteigert werden können. Nun ist auch eine Fermentbildung außerhalb des lebenden Plasmas bisher nicht bekannt.

Warburg [2]) hat sich dahin ausgedrückt, daß beim Atmungsvorgange Grenzflächenerscheinungen eine wichtige Rolle spielen. Nun sind manche Gifte stark oberflächenaktiv und greifen daher in den Atmungsvorgang gewaltig ein. Beide Theorien sind wohl als Arbeitshypothesen höchst wertvoll.

Weiter unten wird dargelegt werden, daß die meisten bei der Atmung stattfindenden Vorgänge auch außerhalb der lebenden Zelle fortbestehen, wenn man das lebende Plasma auf eine solche Weise abtötet, daß die meisten darin enthaltenen Gärungs- und Oxydationsfermente nicht zerstört sind. Nun ergab es sich, daß manche Giftstoffe, die auf das lebende Plasma vernichtend wirken (Toluol, Äther u. a.) die Tätigkeit der Fermente nur unbedeutend beeinflussen. Solche Stoffe werden als Plasmagifte bezeichnet [3]). Andere Giftstoffe wirken ungefähr gleich störend sowohl auf das lebende Plasma, als auf die daraus isolierten Fermente. Diese sind die sogenannten Fermentgifte; darin gehören Sublimat, Natriumfluorid und ähnliche Giftstoffe. Zunächst wäre es freilich sehr wichtig, den Mechanismus der Einwirkung von Fermentgiften aufzuklären.

Auch chemisch scheinbar indifferente Stoffe können unter Umständen merkwürdige Reizwirkungen hervorrufen. So hat Zaleski [4]) dargetan, daß die Atmungsintensität der Zwiebeln von Gladiolus nach kurzdauerndem Verweilen in reinem Wasser stark zunimmt. Möglicherweise ist hier die temporäre Sauerstoffentziehung als

---

[1]) Palladin, W.: Jahrb. f. wiss. Botanik. Bd. 47, S. 431. 1910.

[2]) Warburg, O.: Zeitschr. f. Elektrochem. Bd. 28, S. 70. 1922.

[3]) Palladin, W.: a. a. O.; Euler, H. v. und af Ugglas: Zeitschr. f. physiol. Chem. Bd. 70, S. 279. 1911.

[4]) Zaleski, W.: Zur Frage der Einwirkung von Reizstoffen auf die Pflanzenatmung. 1907. Russisch.

wirksame Ursache anzusehen. Es wird später der auffallenden Steigerung der Atmung nach zeitweiliger Anaerobiose gedacht werden, deren Erklärung mit den modernen Theorien der Atmung zusammenhängt. Nach Angaben von Kostytschew ist eine schwach-alkalische Reaktion der umgebenden Lösung von stimulierendem Einflusse auf den Atmungsvorgang[1]). Dies könnte mit dem Umstand zusammenhängen, daß die fermentativen biochemischen Oxydationsvorgänge schwach-alkalische Reaktion erheischen.

Der Einfluß von Hefeextrakten und durch Hefe angegorenen Zuckerlösungen auf die Atmung der Pflanzen. Nach den Angaben Kostytschews und seiner Mitarbeiter wird die Sauerstoffatmung der Pflanzen ganz auffallend gesteigert durch Hefeextrakte und namentlich durch die von Hefe angegorenen Zuckerlösungen[2]). Dieser Umstand wird uns noch später beschäftigen, und zwar im Zusammenhange mit der Besprechung des chemischen Wesens der normalen Pflanzenatmung. Da die alkoholische Gärung als eine der ersten Stufen der physiologischen Zuckerverbrennung anzusehen ist, so könnte im obigen Falle eine stürmische Oxydation der durch Hefe vorgebildeten oxydablen Zwischenprodukte der Zuckerveratmung stattfinden[3]). Andererseits ist auch die Annahme plausibel, daß die in Hefeextrakten enthaltenen Vitamine und ähnliche Reizstoffe eine gewaltige Stimulierung der Atmung herbeiführen.

Jedenfalls ist der Umstand von Wichtigkeit, daß die Steigerung der Atmungsintensität unter dem Einflusse von angegorenen Zuckerlösungen eine ganz außergewöhnliche ist. Eine derartige Steigerung wird durch Darbieten der Nährstoffe oder gar durch Giftwirkungen auch nicht annähernd erreicht. Obige Morkowinsche Tabelle

---

[1]) Kostytschew, S. und A. Scheloumow: Jahrb. f. wiss. Botanik. Bd. 50, S. 157. 1911; vgl. auch Loeb, J. and H. Wasteneys: Biochem. Zeitschr. Bd. 37, S. 410. 1911; Journ. of biol. chem. Vol. 14, p. 335, 459, 469, 517. 1913; Vol. 21, p. 153. 1915.

[2]) Kostytschew, S.: Biochem. Zeitschr. Bd. 15, S. 164. 1908; Bd. 23, S. 137. 1909; Physiol.-chem. Untersuch. über Pflanzenatmung 1910. Russisch; Kostytschew, S. und Scheloumow: a. a. O.; dieselben, Ber. d. botan. Ges. Bd. 31, S. 422. 1913; Kostytschew, S., Brilliant, W. und A. Scheloumow: Ebenda. Bd. 31, S. 432. 1913.

[3]) Hefe bewirkt eine starke alkoholische Gärung, aber geringfügige Oxydation. Sie ist also nicht imstande auch bei tadellosem Sauerstoffzutritt die Gesamtmenge der gebildeten Gärungsprodukte selbständig zu verbrennen.

zeigt, daß die Atmungsintensität der durch Giftstoffe gereizten Pflanzen höchstens $266^0/_0$ der normalen Atmungsenergie ausmacht (Chininwirkung). Durch angegorene Lösungen erzielt man aber CO_2-Produktionen, die $400^0/_0-600^0/_0$ der normalen CO_2-Produktion der untersuchten Objekte übersteigen. Bei Beurteilung der folgenden Tabelle ist in Betracht zu ziehen, daß die Atmungsintensität der Kontrollportionen (auf $5^0/_0$iger Zuckerlösung) bereits etwa $150^0/_0$ der normalen Atmungsintensität der Weizenkeime (ohne Zuckergabe) ausmacht. Die Tabelle ist einer Mitteilung von S. Kostytschew und A. Scheloumow entnommen.

CO$_2$-Produktion von eingeweichten Weizenkeimen in mg.

A. Auf $5^0/_0$iger Zuckerlösung	B. Auf d. Hefenextrakte mit $5^0/_0$ Zucker versetzt	B. Auf angegorener $5^0/_0$iger Zuckerlösung
37,4	120,8	138,4
63,0	132,0	143,8
22,2	80,6	92,4
26,4	80,2	96,4

Diese Tabelle zeigt, daß angegorene Zuckerlösungen immer eine größere Steigerung der Atmungsenergie bewirken, als zuckerhaltige Hefenextrakte. Aus folgenden Analysenzahlen[1]) ist ersichtlich, daß Zuckergabe an und für sich die CO_2-Produktion von Weizenkeimen befördert:

CO$_2$-Produktion von eingeweichten Weizenkeimen.

A. In Wasser.   B. In $5^0/_0$iger Zuckerlösung.

86,4 mg   133,9 mg

5. Analytische Methoden zur Bestimmung der Sauerstoffatmung.

Will man sich davon vergewissern, daß Pflanzen CO_2 abscheiden, so bringt man das zu untersuchende Material in einen geeigneten Rezipienten (s. u.) hinein und leitet CO_2-freie Luft durch. Der Luftstrom wird alsdann in ein Gefäß mit wasserklarem Barytwasser gelenkt; die Ausscheidung des Bariumcarbonates, evtl. mit nachfolgender Analyse des Niederschlags dient zur Identifizierung des Kohlendioxydes. Doch haben nur quantitative Bestimmungen der Pflanzenatmung reelle physiologische Bedeutung. Diese quantitativen Bestimmungen beziehen sich entweder auf die

---

[1]) Kostytschew, S.: Biochem. Zeitschr. Bd. 15, S. 164. 1908.

Ermittelung der Menge des abgeschiedenen Kohlendioxydes (Bestimmung der Atmungsintensität), oder auf die Ermittelung der Größe von $\dfrac{CO_2}{O_2}$ (Bestimmung des Atmungsquotienten).

Für die Bestimmung des von den Pflanzen gebildeten Kohlendioxydes verwendet man verschiedene Apparate. Das Versuchsmaterial wird in ein Gefäß mit je einem Zu- und Ableitungsrohr eingeschlossen und eine Zeitlang im Strome CO_2-freier Luft belassen. Das gebildete Kohlendioxyd wird in einem geeigneten Absorptionsapparate aufgefangen.

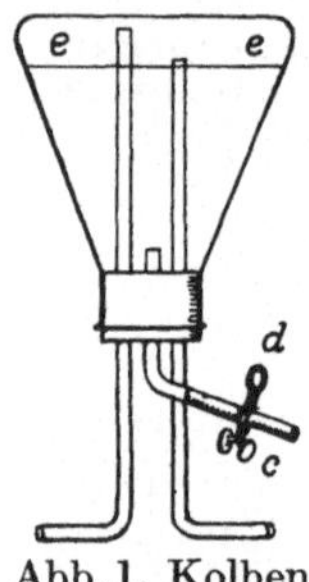

Abb. 1. Kolben für Untersuchungen über Schimmelpilze.

Um die durchstreichende Luft von atmosphärischem CO_2 vollkommen zu befreien, leitet man den Luftstrom zunächst durch einen mit Natronkalk gefüllten Trockenturm[1]). Die zur Aufnahme des Versuchsmaterials bestimmten Rezipienten haben, je nach den Eigenschaften der zu untersuchenden Objekte, verschiedene Form und Größe. Man muß darauf acht geben, daß der Rezipient zum größten Teil mit Pflanzen gefüllt ist, da die Anwendung geräumiger Rezipienten für geringe Pflanzenmengen Versuchsfehler bedingen kann. Für beträchtliche Mengen des Versuchsmaterials bedient man sich der Glasglocken; die oberen Öffnungen der Glocken verschließt man durch gut passende Kautschukstopfen mit je einem Zu- und Ableitungsrohr; ersteres muß nahe am Boden enden. Die Glocken paßt man mittels Vakuumhahnfett den abgeschliffenen Glasplatten luftdicht auf (natürlich muß der untere Rand der Glocke ebenfalls abgeschliffen sein, sonst ist kein luftdichter Verschluß zu erzielen).

Beim Experimentieren mit kleineren Pflanzenmengen wendet man mit Vorteil U-Röhren oder beliebige dickwandige Flaschen an. Bei seinen Untersuchungen über die Atmung der Schimmelpilze montierte Puriewitsch[2]) umgekehrt aufgestellte Erlenmeyersche Kolben auf folgende Weise (Abb. 1). Durch das Rohr c wurde eine

---

[1]) Natronkalk muß öfters erneuert werden und so viel Wasser enthalten, daß beim Erhitzen einer kleinen Menge des Natronkalks im Reagensrohr etwas Wasserdampf entweicht und sich an den Wandungen des oberen Teils des Rohres kondensiert. Bei Verwendung eines allzu trockenen Natronkalks ist eine vollkommene CO_2-Absorption ausgeschlossen.

[2]) Puriewitsch, K.: Ber. d. botan. Ges. Bd. 16, S. 290. 1898; Jahrb. f. wiss. Botanik. Bd. 35, S. 573. 1900.

solche Menge der mit Pilzsporen geimpften Nährlösung eingegossen, daß zwischen der Oberfläche der Lösung (e—e) und dem Boden des Kolbens nur eine etwa 1—1,5 cm hohe Luftschicht blieb. Die Pilzdecke entwickelte sich sodann an der Oberfläche der Flüssigkeit. Durch Öffnen des Quetschhahns d kann man die Nährlösung, wenn nötig, herausgießen und nach Abspülen der unteren Fläche der Pilzdecke durch eine andere Nährlösung ersetzen. Bei dem Ausgießen der Flüssigkeit tritt keine Änderung in der Lage der derben zusammenhängenden Pilzdecke ein; nur sinkt der mittlere Teil der Pilzdecke etwas herunter.

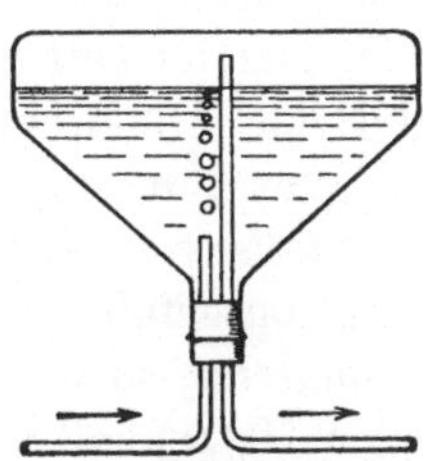

Abb. 2. Kolben für Untersuchungen über CO_2-Bildung durch Pflanzensäfte.

Bei der Bestimmung des von großen Mengen des Preßsaftes aus Psalliota campestris gebildeten Kohlendioxyds bediente sich Kostytschew[1]) der geräumigen, ebenfalls umgekehrt gestellten zylindrisch-konischen Kolben (Abb. 2). Arbeitet man mit kleinen Flüssigkeitsmengen, so ist die Verwendung Chudiakowscher Apparate zu empfehlen (Abb. 3). Der Pfeil gibt die Richtung des Gasstromes an.

Bei seinen Untersuchungen über die Atmung der niederen Pflanzen stellte Palladin[2]) Rollkulturen auf Gelatine her. Zu diesem Zwecke eignen sich sehr gut Glaszylinder mit verengertem Halse, die man durch zwiefach durchbohrte Kautschukstopfen verschließt und in deren Bohrungen man je ein Zu- und Ableitungsrohr einführt. In den Palladinschen Versuchen kamen große, 350—650 ccm fassende Zylinder oder etwa 600 ccm fassende Reagensgläser in Anwendung. Die Wandungen der sterilisierten Zylinder bestrich man mit einer dünnen Schicht der heißen sterilisierten Nährlösung mit $12^0/_0$

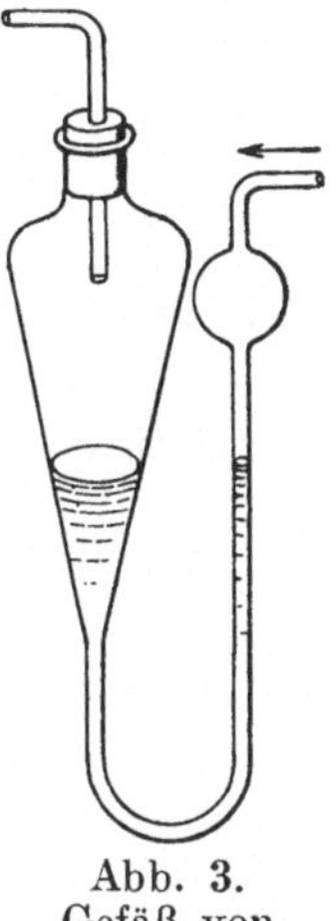

Abb. 3. Gefäß von Chudiakow.

Gelatine. Nach dem Erstarren des Substrates goß man eine Reinkultur hinein und verteilte sie durch Drehen gleichmäßig an den Wänden des Versuchsgefäßes (Abb. 4).

---

[1]) Kostytschew, S.: Ber. d. botan. Ges. Bd. 26a, S. 167. 1908.
[2]) Palladin, W.: Zentralbl. f. Bakteriol., Parasitenk. u. Infektionskrankh., Abt. II. Bd. 11, S. 146. 1903.

Obige Beispiele genügen um zu zeigen, wie verschiedenartig die Rezipienten sein können. In allen Modellen sind die inneren Mündungen des Zu- und Ableitungsrohres so weit wie möglich voneinander entfernt. Das ist eine durchaus notwendige Maßregel, die eine Anhäufung von CO_2 im Rezipienten verhütet.

Was nun die Absorptionsapparate anbelangt, so können sie ebenfalls verschiedenartig sein. Ist ein öfterer Wechsel der Absorptionsgefäße nicht erforderlich, die entwickelte CO_2-Menge aber bedeutend, so wendet man mit Vorteil Geißlersche Kaliapparate oder Natronkalkröhren an. Die Kugeln des Kaliapparates füllt man etwa zu zwei Dritteln mit 40—45%iger Kalilauge. Die Anwendung von konzentrierteren Kalilösungen ist nicht zu empfehlen, da hierbei häufig eine Verstopfung der Röhren eintritt infolge Ausscheidung des krystallinischen Kaliumhydroxyds. Das Chlorcalciumrohr des Geißlerschen Apparates füllt man mit festem Kaliumhydrat oder noch besser mit einem mit konzentrierter Schwefelsäure getränkten Asbest, um einem Wasserverlust vorzubeugen. Die beiden Enden des Rohres verschließt man mit etwas Glaswolle.

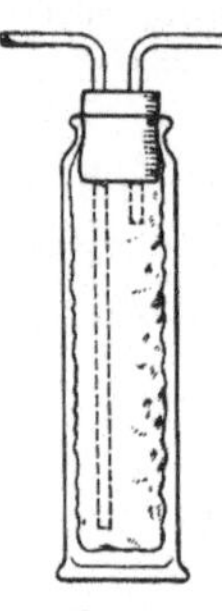

Abb. 4.
Rollkultur.

Die so beschickten Kaliapparate ermöglichen eine vollkommene CO_2-Absorption auch in dem Falle, daß man einen lebhaften Strom von reinem Kohlendioxyd hindurchleitet. Man kann sich leicht davon vergewissern, daß in diesem Falle der Gasstrom die zweite Kugel nur in einzelnen Bläschen, die dritte Kugel aber gar nicht durchstreicht. Das den Kaliapparat passierende Gas muß aber vollkommen trocken sein; um dies zu erreichen, schaltet man vor dem Apparate eine mit konzentrierter Schwefelsäure gefüllte Waschflasche ein. Diese einfache Vorsichtsmaßregel ist vollkommen genügend, indes die Anwendung von Chlorcalcium Versuchsfehler herbeiführt, da Kaliumhydrat stärker Wasserdampf absorbiert, als Chlorcalcium; dieser Unterschied ist zwar bei kurzdauernder Gasdurchleitung belanglos, kann sich aber wohl in stundenlangen Versuchen geltend machen.

Hinter dem Kaliapparate muß eine mit konzentrierter Schwefelsäure gefüllte kleine wägbare Waschflasche eingeschaltet werden, falls man den Gasstrom vor dem Kaliapparate durch Schwefelsäure streichen läßt; nur auf diese Weise ist es möglich ein Gleichgewicht des Wassergehaltes im Absorptionsapparate beizubehalten. Als wägbare Waschflasche kann evtl. ein mit konzentrierter Schwefelsäure gefüllter zweiter Kaliapparat dienen; noch einfacher ist es, in das Chlorcalciumrohr des Kaliapparates den mit konzentrierter Schwefelsäure getränkten Asbest hineinzubringen. In diesem Falle muß aber das Chlorcalciumrohr bei jedem Versuche frisch gefüllt werden. Hinter alle obigen Absorptionsgefäße schaltet man noch eine Waschflasche mit Schwefelsäure ein, um eine direkte Verbindung zwischen der feuchten Luft der Luftpumpe und den Absorptionsgefäßen abzuschneiden.

Die Resultate der CO_2-Bestimmungen in den auf obige Weise gefüllten Geißlerschen Kaliapparaten fallen höchst genau aus: bei sorgfältigem Arbeiten ist es möglich Bruchteile eines Milligramms ganz sicher zu bestimmen. Nicht weniger zuverlässig und vielleicht noch einfacher im Gebrauche sind wägbare Natronkalkröhren. Man wendet am besten kleine U-Röhren mit eingeschliffenen Glastöpseln an und beschickt sie mit nicht allzu trockenem Natronkalk (s. o.). Man schaltet zwei U-Röhren nacheinander ein; das zweite Rohr muß keine oder nur eine ganz geringe Gewichtszunahme aufweisen. Zum Trocknen des Gasstromes bedient man sich auch in diesem Falle der konzentrierten Schwefelsäure. In Betreff der allgemeinen Handhabung und Wägung der Kaliapparate und Natronkalkröhren muß auf die Handbücher der analytischen Chemie verwiesen werden. Während der Dauer je eines Versuches sind sämtliche Apparate und Waschflaschen durch Gummischläuche verbunden; vor und nach dem Kaliapparat bzw. Natronkalkrohr bringt man je einen Schraubenquetschhahn an. Den Gasstrom reguliert man mit Hilfe des hinter dem Kaliapparate angebrachten Quetschhahnes; der andere Quetschhahn bleibt ganz offen; nur beim Wechsel der Kaliapparate schließt man beide Schraubenquetschhähne, schaltet den Kaliapparat aus und ersetzt ihn durch einen anderen, der mit frischer Kalilauge beschickt und gewogen ist.

Will man durch rasch nacheinander folgende CO_2-Bestimmungen den zeitlichen Gang der Atmung genauer untersuchen und evtl. graphisch darstellen, so erweist sich ein beständiger Wechsel und Auswiegen der Kaliapparate bzw. Natronkalkröhren als ziemlich zeitraubend. Bei derartigen Untersuchungen wendet man meistens die sogenannten Pettenkoferschen Rohre an[1]), die in mannigfaltigen Formen angefertigt werden. Im pflanzenphysiologischen Laboratorium der Universität St. Petersburg bedient man sich der dickwandigen in einem Winkel von 130^0 einmal gebogenen Rohre; der kürzere Schenkel ist 10 cm, der längere 120 cm lang. Der Durchmesser der Rohre beträgt 14 mm. Die von Pfeffer[2]) ursprünglich beschriebene zweite Biegung mit kugelförmiger Erweiterung ist überflüssig: sind die Rohre genügend lang, so findet bei beliebig lebhafter Gasdurchleitung kein Ausfließen des Barytwassers aus dem Rohr statt. Das nur einmal gebogene Rohr läßt sich aber viel bequemer waschen und reinigen; zur Reinigung der Rohre benutzt man einen dünnen Holzstab, dessen Ende man mit etwas Josephpapier oder Baumwolle umwickelt. Das vordere Ende des Pettenkoferschen Rohres verbindet man mittels eines durchbohrten Kautschukstopfens und des darin befestigten Zuleitungsrohres mit dem Pflanzenbehälter. Das Ende des Zuleitungsrohres muß ausgezogen sein, damit das Gas in Gestalt möglichst kleiner Bläschen das Pettenkofersche Rohr durchstreicht. Die Pettenkoferschen Rohre montiert man auf einem Holzgestell, das aus zwei senkrechten miteinander verbundenen Platten von ungleicher Höhe besteht. Beide Platten sind mit Riefen versehen, die mit Tuch bezogen sind; in diese Riefen legt man die Röhren und befestigt sie dann mit hölzernen Schraubenhaltern. Das hintere Ende je eines Pettenkoferschen Rohres verbindet man mit einer der Ansatzröhren eines weiten Sammelrohres, welches seinerseits mit einer gewöhnlichen Wasserstrahlluftpumpe kommuniziert. Ein jedes Pettenkofersche Rohr versetzt man mit 100 ccm Barytwasser. Zuerst verschließt man das vordere Ende des Pettenkoferschen Rohres mit dem durchbohrten Kautschukstopfen und Zuleitungsrohr; letzteres ist mit einem Gummischlauch versehen, der durch einen Schraubenquetschhahn luftdicht geschlossen bleibt. Nun füllt man das Rohr mit Barytwasser und verschließt es sofort durch einen zweiten durchbohrten Kautschukstopfen mit Ableitungsrohr. Jetzt ist das Pettenkofersche Rohr zum Gebrauche fertig.

Das Barytwasser bereitet man auf einmal in großer Menge in

---

[1]) Pettenkofer, M.: Abhd. math.-physik. Klasse. Bayr. Akad. d. Wiss. II. Bd. 9, S. 231. 1862.

[2]) Pfeffer, W.: Untersuch. aus d. botan. Inst. Tübingen. Bd. 1, S. 636. 1881—1885.

10—15 l fassenden Gefäßen. Gewöhnlich löst man 7 g krystallisiertes Bariumhydroxyd in je 1 l destilliertem Wasser. Bei Bestimmung ausnahmsweise großer CO_2-Mengen verwendet man die zwei- oder gar dreifache Konzentration des Bariumhydroxydes. Auf je 1 l setzt man 1 g Bariumchlorid hinzu[1]). Das große Gefäß mit Barytwasser verschließt man durch einen durchbohrten Stöpsel mit Natronkalkrohr, damit kein Kohlendioxyd aus der umgebenden Luft in das Gefäß eindringt. Durch eine andere Bohrung verbindet man das Gefäß mit einer genauen Bürette. Nach dem Absetzen des etwa entstandenen Niederschlags bleibt das Barytwasser im Gefäß immer wasserklar. Die Titration des Barytwassers wird am besten mit Salzsäure ausgeführt, zur Titerstellung selbst verwendet man mit Vorteil reine umkrystallisierte Oxalsäure.

Sind die mit Barytwasser gefüllten Rohre am Gestell befestigt, so verbindet man ein Rohr mit dem Pflanzenbehälter und beginnt den Versuch in folgender Weise. Man setzt die Luftpumpe in Tätigkeit, öffnet vollkommen den Quetschhahn am hinteren Ende des mit Pflanzenbehälter verbundenen Rohres und schraubt dann den am vorderen Ende angebrachten Quetschhahn allmählich los; mit Hilfe dieses Quetschhahnes stellt man die erwünschte Geschwindigkeit des Gasstromes ein. Die Gasblasen müssen im Pettenkoferschen Rohr im gleichmäßigen Tempo aufsteigen und sich nicht vereinigen, sondern einzeln das ganze Rohr durchwandern. Nach Ablauf einer bestimmten Zeit wird das Rohr ausgeschaltet und der Pflanzenbehälter sofort mit einem anderen frischen Pettenkoferschen Rohr in Verbindung gebracht. Beim Ausschalten des Rohres sperrt man erst den hinteren, dann auch den vorderen Quetschhahn und zieht den mit dem Pflanzenbehälter kommunizierenden Gummischlauch vom Zuleitungsrohr weg. Auf diese Weise kann man leicht unter beständigem Wechsel der Rohre eine beliebig lange Zeit ohne jede Unterbrechung arbeiten. Abb. 5 stellt einen in Tätigkeit begriffenen Pettenkoferschen Apparat dar. Die ausgeschalteten Pettenkoferschen Rohre entleert man nach Umschütteln in trockene 150 ccm fassende Glasflaschen mit eingeschliffenen und eingefetteten Glasstöpseln. Die Flaschen läßt man bis zum nächsten Tage in aller Ruhe stehen, damit sich der Niederschlag vollkommen absetzt. Dann mißt man für die Titration aus je einer Flasche 25 ccm vollkommen blank gewordene Barytlösung mit einer Pipette ab.

---

[1]) Clausen, H.: Landwirtschaftl. Jahrb. Bd. 19, S. 898. 1890.

Für die Herstellung des Luftstromes wendet man gewöhnliche Wasserstrahlpumpen an. Sehr zweckmäßig ist es, die Wasserstrahlluftpumpe nicht direkt an die Wasserleitung anzuschließen, sondern an ein möglichst hoch aufgestelltes geräumiges Gefäß, das von der Wasserleitung gespeist und mit einem Siphon versehen ist; letztere Vorrichtung hat den Zweck, einem Überlaufen des Gefäßes vorzubeugen. Auf diese Weise hat man immer einen zwar schwachen, aber konstanten Wasserdruck; ein bedeutender Wasserdruck ist auch zur Herstellung des Luftstromes durch die Absorptionsgefäße gar nicht notwendig. Die etwa stattfindenden Schwankungen des Wasserdrucks in der Wasserleitung können übrigens durch Anwendung des Palladinschen Quecksilber-

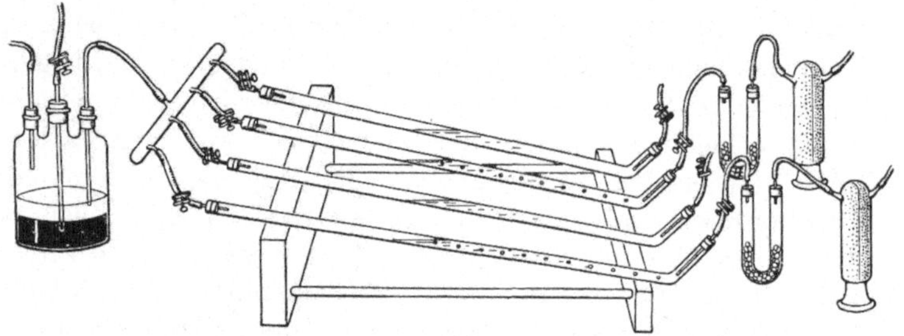

Abb. 5. Pettenkofersche Rohre.

regulators vollkommen ausgeschlossen werden. Diese einfache Vorrichtung ist bei allen Versuchen zu verwenden, wo eine dauernde Gasdurchleitung geboten und eine beständige Aufsicht nicht immer möglich ist. Den Regulator stellt man sich auf folgende Weise her. Man gießt in eine dreihalsige Flasche eine etwa 2 cm hohe Quecksilberschicht, und darauf eine ebenso hohe Wasserschicht ein. In die eine Öffnung führt man das Zuleitungsrohr ein und versenkt es in Wasser auf 1 cm. In der anderen Öffnung steckt das Ableitungsrohr, in der mittleren Öffnung aber ein gerades Glasrohr, dessen unteres Ende auf 1 cm in Quecksilber eintaucht (Abb. 5). Der Regulator wird zwischen den Absorptionsgefäßen und der Luftpumpe in den Gasstrom eingeschaltet. Bei Anwendung dieses Regulators kann die Luftverdünnung im Apparate höchstens 1 cm Quecksilberdruck ausmachen, da die Luft zur Pumpe durch das mittlere Rohr des Regulators eindringt, falls die Gasdurchleitung auf Hindernisse stößt oder evtl. vollkommen eingestellt wird. Auf

diese Weise ist man imstande, das Wechseln der Absorptionsapparate ohne Unterbrechung der Luftpumpentätigkeit durchzu-
führen.

Die Reihenfolge verschiedener Gefäße bei der Luftdurchleitung
ist also die folgende: 1. Gefäß mit Natronkalk zur Absorption des
atmosphärischen Kohlendioxyds, 2. Waschflasche mit Wasser, oder
mit nassen Papierstreifen, dient die zur Wiederanfeuchtung der
durch den Natronkalk getrockneten Luft (dies ist notwendig um
einem Welken der Versuchsobjekte vorzubeugen), 3. Rezipient
mit Pflanzenmaterial, 4. Absorptionsgefäße, d. i. entweder:
a) Waschflasche mit Schwefelsäure, b) Kaliapparat, c) wägbare
kleine Waschflasche mit Schwefelsäure und d) Kontrollflasche
mit Schwefelsäure, oder: a) Pettenkofersche Rohre und
b) Sammelrohr, 5. Quecksilberregulator, 6. Luftpumpe.

Mit den vorstehend beschriebenen Methoden kann die Atmungsintensität unter verschiedenartigen Verhältnissen gemessen
werden; auch wird eine vergleichende Untersuchung dadurch ermöglicht, daß man zwei oder mehrere Portionen des Versuchsmaterials und zwei oder mehrere Reihen der Absorptionsapparate
gleichzeitig zu je einem Versuch verwendet. Ist es aber notwendig
auch die Sauerstoffaufnahme der Pflanzen zu bestimmen, so sind
vollkommen andere Apparaturen erforderlich. Es muß sogleich
darauf aufmerksam gemacht werden, daß eine Bestimmung der
Sauerstoffaufnahme ohne gleichzeitige Ermittelung der Menge
des ausgeatmeten Kohlendioxydes bei Untersuchungen über
Pflanzenatmung zu unrichtigen Resultaten führen kann, da der
Sauerstoff nicht selten zu unvollständigen, also von CO_2-Bildung
nicht begleiteten Oxydationsvorgängen verbraucht wird. Diese
Sauerstoffassimilation, die oft mit einer nur unbedeutenden Wärmetönung verbunden ist, darf man selbstverständlich mit der eigentlichen Atmung nicht verwechseln.

Hieraus ist ersichtlich, daß die Bestimmung der Sauerstoffaufnahme immer gleichzeitig mit der Bestimmung der CO_2-Abgabe
stattfinden muß und also zur Ermittelung der Größe von $\dfrac{CO_2}{O_2}$
dient. Diese Bestimmungen werden am besten gasanalytisch
ausgeführt. Das zu untersuchende Pflanzenmaterial sperrt man
in geeigneten Rezipienten mit reiner Luft ab; nach Ablauf von
bestimmten Zwischenzeiten entnimmt man dem Rezipienten
Gasproben und analysiert sie nach bekannten Methoden, die hier

nicht alle beschrieben zu werden brauchen. In Betreff der allgemeinen Technik der Manipulationen mit Gasen und der Beschreibung von altbewährten genauen Methoden der Gasanalyse sei auf die ausführlichen Handbücher verwiesen[1]). Nur zwei Apparate, die sich für pflanzenphysiologische Untersuchungen als besonders geeignet erwiesen und in Handbüchern der Gasanalyse nicht beschrieben sind, sollen hier Erwähnung finden[2]).

Nach eigenen Erfahrungen ist für biochemische Gasanalysen der Apparat von Polowzow-Richter[3]) besonders empfehlenswert, da derselbe sehr genaue Resultate liefert und dabei eine Analyse von ganz kleinen Gasmengen ermöglicht. Der wichtigste Teil des Apparates (Abb. 6) ist das Meßrohr $AA'A''A'''$. Der mit Millimeterteilungen versehene und kalibrierte Teil des Rohres befindet sich in einem mit Wasser gefülltem Glaszylinder B, das äußere Ende A''' — in der zylindrischen Quecksilberwanne C. In derselben Wanne stecken auch die Enden der Gaspipetten D und E. Das linke Ende A des Meßrohres ist mittels eines dickwandigen Gummischlauches P mit der Glasbirne H verbunden, die mit reinstem Quecksilber gefüllt ist. Mit Hilfe dieser Birne und des Glashahnes a kann man das Quecksilberniveau im Meßrohr auf beliebige Höhe einstellen. Für feinere Verschiebungen des Quecksilberniveaus dient die Stahlschraube e, die in einem Ansatzrohr in Quecksilber versenkt ist. Der in Millimeter geteilte linke Schenkel des Meßrohres ist ein dickwandiges Capillarrohr von etwa 2 mm lichtem Durchmesser; vom Strich O' ab ist der innere Raum des Rohres bedeutend enger. An diesem rechten Schenkel des Meßrohres ist nur ein Strich O angebracht, und zwar auf gleicher Höhe mit dem Strich lm an der Quecksilberwanne C.

Die Quecksilberwanne C und die beiden Gaspipetten D und E sind durch dickwandige Gummischläuche und ein T-Rohr mit der großen Birne G verbunden, deren Umfang demjenigen der Wanne ungefähr gleich ist. Wenn man die beiden Glashähne n und p schließt, so ist es möglich, die Wanne C bei geöffnetem Quetsch-

---

[1]) Bunsen, R.: Gasometrische Methoden. 1877; Hempel: Gasanalytische Methoden. 1913; Berthelot, M.: Traité pratique de l'analyse des gas. 1906. Sehr beachtenswert ist die gasanalytische Methode von Doyère: Ann. de chim. et de physique 3. Tome 28, p. 5. 1850.

[2]) Die Arbeit von D. S. Fernandes, Rec. des trav. bot. néerl. Bd. 20, S. 107. 1923 konnte nicht mehr berücksichtigt werden.

[3]) Polowzow, V.: Untersuchungen über Pflanzenatmung. 1901. Russisch; Richter, A.: Arb. d. Naturf.-Ges. in Petersburg. Bd. 33, S. 311. 1902.

hahn M, je nach der Lage der Birne, entweder zu entleeren, oder mit
Quecksilber zu füllen. Bei geschlossenem Quetschhahn M ist man
dagegen imstande, mittels der Birne G und der beiden Glashähne
n und p durch jede Pipette Quecksilber in beliebiger Richtung

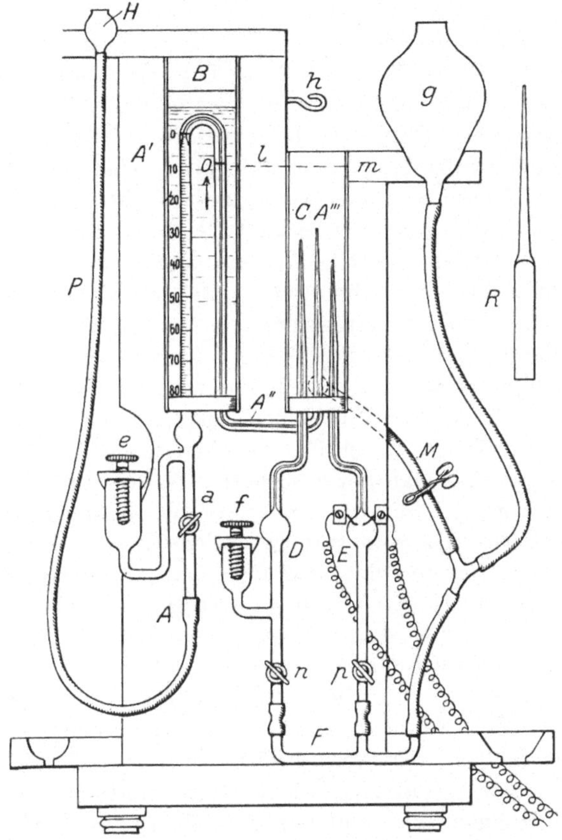

Abb. 6. Apparat von Polowzow-Richter.

(je nach der Lage der Birne) fließen zu lassen. Für feine Verschiebungen der Quecksilbersäule im oberen Rohr der Pipette D dient
die Stahlschraube f, die der Schraube e vollkommen analog ist.
Die Pipette D ist eine Absorptionspipette, die Pipette E ist aber
eine Explosionspipette: im oberen Teil der Kugel sind Platindrähte
eingeschmolzen, die an ihren Enden 1—2 mm voneinander abstehen;

3*

außerhalb der Kugel sind die Platindrähte mit den Poldrähten eines Rumkorffschen Funkeninduktors in Verbindung gebracht; letzterer ist seinerseits einem Zink-Kohle-Element angeschlossen. Das Element füllt man mit einer Chromsäurelösung, die aus 92 g doppeltchromsaurem Kali, 93,5 ccm konzentrierter Schwefelsäure und 900 ccm Wasser bereitet wird.

Zum Ablesen am Meßrohr dient ein horizontales Ablesemikroskop, das auf Stellschrauben fußt und durch Auszug und Zahntrieb in einer Höhe von 40—50 cm verstellbar ist [1]). Die genaue Einstellung auf das Objekt ist durch Zahn- und Triebwerk ermöglicht. Man stellt das Instrument so ein, daß eine jede Millimeterteilung des Meßrohres durch das in der Okularblende des Mikroskops befindliche Mikrometer in 20 Teile geteilt ist. Für die Ausführung der Analysen sind außerdem kleine, oben geschlossene Analysenrohre mit eingeschmolzenem Halter (R) notwendig. Die Länge je eines Rohres beträgt etwa 6—7 cm (ohne Halter).

Mit Hilfe der beiden Birnen G und H füllt man das Meßrohr, die beiden Gaspipetten D und E und die Wanne C mit reinem trockenem Quecksilber. Nach dem Füllen der Gaspipetten und der Wanne dürfen nur 2—3 ccm Quecksilber in der Birne G bleiben. Den Glaszylinder B füllt man mit destilliertem Wasser und bedeckt ihn mit einer Glasplatte, um das Wasser vor Staub zu schützen. Von Zeit zu Zeit wird das etwa trüb gewordene Wasser durch frisches ersetzt. Die Kugel der Pipette D füllt man zu einem Drittel mit etwa $30\,^0/_0$iger Kalilauge. Um dies zu erreichen, beschickt man ein Analysenrohr R mit 3—4 ccm Kalilauge und sperrt die Lauge mit Quecksilber ab; das Analysenrohr überträgt man mit Hilfe eines eisernen Löffels (vgl. Handbücher der gasanalytischen Methoden) in die Quecksilberwanne C und setzt es unter dem Quecksilber auf das obere Rohr der Absorptionspipette so tief auf, daß das Ende der Pipette in Kalilauge taucht. Jetzt senkt man die Birne G, öffnet den Hahn n und saugt auf diese Weise eine entsprechende Menge Kalilauge in die Pipette ein, wonach man durch Aufheben des Analysenrohres das Ende der Pipette in Quecksilber versenkt und eine Zeitlang Quecksilber in die Pipette einsaugt, um die den Wandungen des Capillarrohres anhaftende Lauge zu entfernen. Nach dem Füllen der Pipette ist also die in der Kugel enthaltene

---

[1]) Modell von Leitz. Da der in Millimeter geteilte Schenkel des Meßrohres nur etwa 20 cm lang ist, so können auch die in geringerer Höhe verstellbaren Kathetometer angewendet werden.

Kalilösung durch das im oberen Capillarrohr befindliche Quecksilber gesperrt.

Die Bestimmung des Sauerstoffs im Apparate von Polowzow-Richter findet durch Verbrennung mit Wasserstoff statt. Für die Analysen sind also Wasserstoff und Knallgas erforderlich. Diese Gase stellt man nach Bunsens[1]) ausführlichen Angaben durch Elektrolyse dar und bewahrt sie in den mit Quecksilber gesperrten dickwandigen Reagensröhren auf.

Vor dem Gebrauche muß der Apparat sorgfältig kalibriert werden; die Genauigkeit der Analysen ist vor allem von der Richtigkeit des Kalibrierens abhängig. Das absolute Volumen des inneren Raumes des Meßrohres ist unbekannt und für die Ermittelung des prozentischen Gehaltes der zu analysierenden Gase auch belanglos; sehr wichtig ist es aber, die durch nicht genau zylindrische Form des Meßrohres bedingte Ungleichheit der zwischen Millimeterstrichen enthaltenen Volumina durch entsprechende Korrektionen zu berichtigen. Dies wird auf folgende Weise erreicht. Man sperrt in einem Analysenrohr R ein Paar Kubikzentimeter Luft mit Quecksilber ab, überträgt das Analysenrohr in die Wanne C, setzt es unter Quecksilber auf das Ende des Meßrohres auf, senkt die Birne H und saugt durch Öffnen des Hahnes a zuerst etwas Luft, dann eine geringe Menge Quecksilber, schließlich wieder etwas Luft in das Meßrohr ein; dieses Verfahren ist dem oben beschriebenen Füllen der Absorptionspipette mit Kalilösung analog. Das Volumen des eingeführten Quecksilbers muß kaum größer, oder am besten genau ebenso groß sein, wie der Raum zwischen O und O'. Hat man zu viel Quecksilber eingesogen, so entfernt man den Überschuß mit Hilfe der Schraube e. Die eingeführte Quecksilbersäule stellt man so ein, daß die Kuppe des Meniscus im rechten Schenkel mit dem Striche O zusammentrifft und notiert dann mit Hilfe des Ablesemikroskops die Lage des höchsten Punktes des anderen Meniscus im linken weiteren Schenkel des Rohres. Alsdann verschiebt man die Quecksilbersäule so, daß der hintere Meniscus die Lage des vorderen genau einnimmt und notiert die neue Lage des vorderen Meniscus. Auf dieselbe Weise weiter verfahrend mißt man das ganze Meßrohr mit derselben Quecksilbersäule. Da das Volumen des Quecksilbers sich nicht verändert (man hat Sorge dafür zu tragen, daß die Wassertemperatur im

---

[1]) Bunsen, R.: Gasometrische Methoden. 2. Aufl., S. 76 u. 80. 1877.

Zylinder B vollkommen konstant bleibt), so ist die evtl. Ungleichheit der abgelesenen Säulelängen in verschiedenen Teilen des Rohres eine Folge der nicht konstanten Weite des inneren Raumes des Meßrohres. Man kann also eine Tabelle der Korrektionen abfassen, die bei jeder Analyse zu berücksichtigen sind. Das Berechnen der Korrektionen wird nach Bunsens [1]) genauen Angaben ausgeführt. Zu allen erhaltenen Daten ist noch die für den nicht in Millimeter geteilten Raum zwischen O und O′ ermittelte Zahl zu addieren, da dieser Raum bei den Analysen ebenfalls vom Gas eingenommen wird.

Die Gasanalysen werden auf folgende Weise ausgeführt. Das zu analysierende Gas muß in einem Analysenrohr mit Quecksilber abgesperrt sein (s. u.). Das Analysenrohr überträgt man in die Wanne C, setzt es unter Quecksilber auf das Ende des Meßrohres auf, saugt durch Senken der Birne H und Öffnen des Hahnes a eine entsprechende Gasmenge ins Meßrohr ein und sperrt sie mit Quecksilber durch Aufheben des Analysenrohres ab. Alsdann entfernt man aus der Wanne das den Überschuß des Gases enthaltende Analysenrohr und ersetzt es durch ein anderes, das mit reinem trockenen Quecksilber vollständig gefüllt ist; dieses Analysenrohr läßt man mit dem unteren Ende in Quecksilber getaucht in der Wanne schwimmen, indem sich der Glashalter an den Haken h anlehnt. Nun stellt man das Quecksilberniveau in der Wanne C genau auf den Strich 1m ein; den Quecksilbermeniscus im rechten engeren Schenkel des Meßrohres stellt man mit Hilfe der Schraube e und einer Lupe auf den Strich O ein, notiert dann mit Hilfe des Ablesemikroskops die Lage des Quecksilbermeniscus im linken Schenkel des Meßrohres und berechnet nach der Korrektionstabelle das relative korrigierte Gasvolumen [2]). Es ist empfehlenswert, die genaue Einstellung auf den Strich O nebst nachfolgender Ablesung am Mikroskop zweimal nacheinander auszuführen und nur bei Übereinstimmung der beiden Ablesungen das Volumen zu notieren, da zufälliges Kleben des Quecksilbers an den Wandungen des Rohres Veränderungen des Gasvolumens herbeiführen kann; dies ist aber ein Zeichen der unzureichenden Reinheit bzw. Trockenheit des Rohres oder des Quecksilbers.

---

[1]) Bunsen, R.: Gasometrische Methoden. 2. Aufl., S. 34 u. 35. 1877.

[2]) Will man das absolute Volumen des Meßrohres kennen, so muß man die für die Kalibrierung des Meßrohres verwendete Quecksilbersäule nachher genau auswiegen. Vgl. Bunsen: a. a. O. Dies kann aber nur in Ausnahmefällen von Belang sein.

Nun führt man das Gas aus dem Meßrohr durch Heben der Birne H und Öffnen des Hahnes a in das mit Quecksilber gefüllte Analysenrohr über, das man hierbei unter Quecksilber auf das Ende des Meßrohres so tief aufsetzt, daß das Ende des Meß-rohres die Wölbung des Analysenrohres berührt. Das Analysenrohr mit dem darin enthaltenen Gas überträgt man alsdann unter Quecksilber auf das Ende der Absorptionspipette D und saugt das Gas durch Senken der Birne G und Öffnen des Hahnes n in die Pipette ein. Man läßt das Gas etwa 10 Minuten in Berührung mit der Kalilauge; während dieser Zeit bleibt die Birne G gesenkt und der Hahn n so weit geöffnet, daß Quecksilber fortwährend aus der Wanne in die Pipette tröpfelt. Nach Ablauf von 10 Minuten treibt man das Gas aus der Pipette in das aufgesetzte Analysenrohr auf folgende Weise zurück: ohne die Lage des Hahnes zu ändern, hebt man die Birne G und verdrängt hierdurch schnell den größten Teil des Gases aus der Pipette ins Analysenrohr. Dann schließt man den Hahn und entfernt den Rest des Gases mit Hilfe der Schraube f, nachdem man das Quecksilberniveau in der Wanne C so niedrig gestellt hat, daß die Mündung der Pipette mit dem darauf sitzenden Analysenrohr sichtbar ist. Bei dem Verdrängen des Gases aus der Absorptionspipette hat man dafür zu sorgen, daß keine Spur Kalilauge ins Analysenrohr eindringt; ist es aber einmal geschehen, so führt man das Gas in die Pipette zurück und ersetzt das ver-unreinigte Analysenrohr durch ein anderes mit reinem trockenen Quecksilber gefülltes Rohr; bei Nichtbeachtung dieser Vorsichts-maßregel kann die Lauge nachher leicht in das Meßrohr eindringen, wodurch bei den nachfolgenden Analysen schwerwiegende Fehler entstehen können. Um einem Überspritzen der Kalilauge aus dem Ende der Pipette ins Analysenrohr vorzubeugen, muß man sich vor einer Hebung des Analysenrohres hüten, bevor das Gas aus der Pipette bis auf die letzte Spur verdrängt ist; außerdem muß das Quecksilberniveau in der Wanne so eingestellt sein, daß das Capillarrohr der Absorptionspipette nach Verdrängen des Gases nur auf etwa $^{1}/_{2}$ cm herausragt.

Nach Absorption des CO_2 führt man das Gas ins Meßrohr über und mißt es wieder; die Differenz der beiden Ablesungen ergibt die Menge des Kohlendioxydes. Nach dem Messen treibt man das Gas ins Analysenrohr zurück; in die Wanne überträgt man ein mit reinem Wasserstoff gefülltes Analysenrohr, setzt es auf das Ende des Meßrohres auf und saugt ins Meßrohr die nötige Menge des

Wasserstoffs ein, die man nach dem mutmaßlichen Sauerstoffgehalt des zu analysierenden Gases annähernd berechnet. War die Menge des Kohlendioxydes geringer als 8%, so muß die zur Analyse verwendete Wasserstoffmenge etwa $2/_5$ des ursprünglichen Volumens des zu analysierenden Gases betragen. Man ermittelt das genaue Volumen des Wasserstoffs mit Hilfe des Ablesemikroskops und setzt den Wasserstoff dem zu analysierenden Gas im Analysenrohr hinzu. Den Inhalt des Analysenrohres überführt man nun in die Explosionspipette. Die Explosion wird dadurch hervorgerufen, daß man das Zink-Kohle-Element für einen Augenblick in Betrieb setzt; hierbei senkt man die Birne G möglichst tief und öffnet gleichzeitig den Hahn p, wodurch ein Quecksilberstrom aus der Wanne C in die Explosionspipette hergestellt wird. Nach der Verpuffung treibt man das Gas durch Heben der Birne G sofort ins Analysenrohr zurück. Man überträgt alsdann das Analysenrohr auf das Ende des Meßrohres, saugt das Gas ins Meßrohr ein und ermittelt genau sein Volumen. War a das Volumen des Gases nach Absorption von CO_2, b — das Volumen des Wasserstoffs und C das Volumen der Gasmischung nach der Explosion, so ist das Volumen des Sauerstoffs gleich $\dfrac{a + b - c}{3}$. Die für CO_2 und Sauerstoff ermittelten Daten drückt man in Prozentzahlen aus, den Stickstoff berechnet man nach der Differenz. Ist der Sauerstoffgehalt des zu analysierenden Gases sehr gering, so kann leicht vorkommen, daß beim Durchleiten des Funkens keine Explosion stattfindet. In diesem Falle fügt man etwas Knallgas hinzu und wiederholt die Verpuffung. Das Volumen des Knallgases muß etwa $1/_3$ des zu analysierenden Gases betragen. Bei Anwendung eines Überschusses von Knallgas kann infolge der allzu heftigen Explosion ein Teil des Stickstoffs oxydiert werden, was selbstverständlich bedeutende Analysenfehler zur Folge hat.

Vorstehend wurde die Analyse einer aus Kohlendioxyd, Sauerstoff und Stickstoff bestehenden Gasmischung beschrieben. Im Apparate von Polowzow-Richter können aber auch Bestimmungen von Wasserstoff, Kohlenoxyd, Methan, Äthylen und anderen Gasen ausgeführt werden. Die Analyse einer aus Kohlendioxyd, Sauerstoff, Wasserstoff und Stickstoff bestehenden Gasmischung wird auf folgende Weise vollbracht. Zunächst bestimmt man das Kohlendioxyd, dann überführt man das Gas in die Explosionspipette, wo es unter Zusatz von Knallgas verpufft. Hat nach der

Explosion eine Verminderung des Gesamtvolumens stattgefunden, so setzt man dem analysierten Gas eine im Meßrohr genau abgemessene Menge von CO_2-freier Luft hinzu und wiederholt die Verpuffung mit Knallgas. Bleibt das Gesamtvolumen nach der zweiten Explosion unverändert, oder wird nicht die Gesamtmenge des mit der Luft eingeführten Sauerstoffs bei der Verpuffung verbraucht, so berechnet man das Volumen des Wasserstoffs auf folgende Weise: war a das Volumen des zu analysierenden Gases nach der CO_2-Absorption und b nach der Explosion, so ist das Volumen des Wasserstoffs gleich $\frac{2}{3}$ (a—b), falls nach der zweiten Explosion keine Volumenveränderung stattgefunden hat[1]). War das mit Sauerstoff verbrennliche Gas reiner Wasserstoff, so entsteht bei der Explosion keine Spur von CO_2. Davon vergewissert man sich durch Bearbeitung der Gasmischung nach der Explosion mit Kalilauge in der Absorptionspipette. Für die Bestimmung des Sauerstoffs verwendet man am besten eine andere Gasprobe und zieht bei der Zulassung von Wasserstoff die in der zu analysierenden Gasmischung bereits enthaltene Wasserstoffmenge in Betracht. Betreffs der Ausführung der Analysen von Kohlenoxyd, Methan und Äthylen muß auf die Handbücher der Gasanalyse, besonders auf Bunsens „Gasometrische Methoden[2])" verwiesen werden.

Es ist außerdem in Betracht zu ziehen, daß der Apparat, je nach Bedarf, auch anderen verschiedenartigen Analysen angepaßt werden kann. Es ist nämlich leicht möglich eine größere Quecksilberwanne am Apparate anzubringen und mehrere mit verschiedenen Lösungen gefüllte Absorptionspipetten zu verwenden.

Die Genauigkeit der Gasanalysen im Apparate von Polowzow-Richter steht derjenigen der bewährten Methoden von Bunsen und Doyère kaum nach: bei sorgfältiger Ausführung fallen die CO_2-Bestimmungen auf $0{,}15\%$, die Sauerstoffbestimmungen bis auf $0{,}1\%$ genau aus[3]). Für die Zuverlässigkeit der Analysen sind

---

[1]) Hat aber nach der zweiten Explosion wiederum Volumenverminderung stattgefunden, so sind der obigen Zahl noch $\frac{2}{3}$ der zweiten Volumenverminderung zu addieren.

[2]) Bunsen, R.: a. a. O. S. 24, 127 u. 130.

[3]) Ein Beispiel davon, welche Genauigkeit der Gasanalysen mit dem Apparate von Polowzow-Richter erreicht werden kann, ergeben die Analysenzahlen von S. Kostytschew in Ber. d. botan. Ges. Bd. 39, S. 319. 1921.

folgende Bedingungen von Belang: I. Exaktes Kalibrieren des Meßrohres und II. Absolute Reinheit des Meßrohres und des Quecksilbers [1]). Die Quecksilbersäule muß im Meßrohr leicht beweglich sein und darf an den Wandungen des Rohres nicht kleben bleiben. Sobald man bemerkt, daß die Bewegung des Quecksilbers im Meßrohr eine nicht gleichmäßige ist, muß man sofort zur Reinigung des letzteren schreiten. Zu diesem Zwecke setzt man unter dem Quecksilber ein mit 15%iger Salpetersäure gefülltes Analysenrohr auf das Ende des Meßrohres auf und saugt die Flüssigkeit ins Meßrohr ein; nach wiederholtem Hin- und Herbewegen treibt man die Säurelösung ins Analysenrohr zurück und spült das Meßrohr nach dem soeben beschriebenen Verfahren mehrmals mit destilliertem Wasser. Dann entleert man das Meßrohr, den Gummischlauch P und die Birne H und trocknet es mittels Durchblasen heißer Luft [2]).

Bei der Ausführung der Analysen muß die Einstellung der Quecksilbersäule auf den Strich O im Meßrohr immer durch eine Bewegung in der Richtung des Pfeiles stattfinden (Abb. 6 bei O). Auch sind die Ablesungen am Meßrohr unter Konstantbleiben der Temperatur auszuführen. Die im Verlaufe je einer Analyse etwa stattgefundenen Temperaturschwankungen kontrolliert man mit Hilfe eines im Zylinder B in Wasser getauchten Thermometers und gleicht sie durch Zugießen von warmem bzw. kaltem Wasser sofort aus. Eine nennenswerte Änderung des Barometerstandes kann bei der kurzen Dauer der Analyse kaum stattfinden. Was speziell die CO_2-Bestimmungen anbelangt, so kann deren Genauigkeit noch dadurch erhöht werden, daß man das Gas nach CO_2-Absorption vor dem Messen für kurze Zeit in die Explosionspipette einführt. Das durch 30%ige Kalilauge eines Teiles des Wasserdampfes beraubte Gas wird in der Explosionspipette wieder dampfgesättigt [3]), da die Explosionspipette immer etwas Wasser von den vorher ausgeführten Sauerstoffbestimmungen [4]) enthält.

Eigene Erfahrungen zeigen, daß es möglich ist, im Apparate von Polowzow-Richter in kurzer Zeit eine ganze Reihe von

---

[1]) Über das Reinigen des Quecksilbers vgl. Hempel: Gasanalytische Methoden. 4. Aufl., S. 79. 1913.

[2]) Vor Gebrauch des Alkohols und des Äthers beim Trocknen des Rohres ist ausdrücklich zu warnen.

[3]) Ein dem Pflanzenbehälter entnommenes Gas ist immer dampfgesättigt.

[4]) Hat sich ein mit bloßem Auge sichtbarer Wassertropfen in der Absorptionspipette gesammelt, so treibt man ihn mit Quecksilber heraus.

exakten Gasanalysen auszuführen, da eine jede Analyse nur
20—30 Minuten in Anspruch nimmt und der Apparat sofort nach
Ausführung derselben ohne weiteres wieder gebraucht werden
kann[1]). Für den Physiologen ist es außerdem von großer Bedeutung, daß der Apparat eine Analyse von ganz geringen Gasmengen ermöglicht. Andere Vorzüge des Apparates sind: Einfach-
heit der Konstruktion, Billigkeit und geringe Menge des für die
Gasanalysen notwendigen Quecksilbers.

Im ursprünglichen Modell von Polowzow wurde Sauerstoff
durch Absorption mit alkalischer Pyrogallollösung bestimmt. Die
von Richter herbeigeführte Modifikation besteht im wesentlichen
darin, daß die Sauerstoffbestimmung durch Verpuffung mit Wasserstoff ausgeführt wird. Die Anwendung der Explosionspipette er-

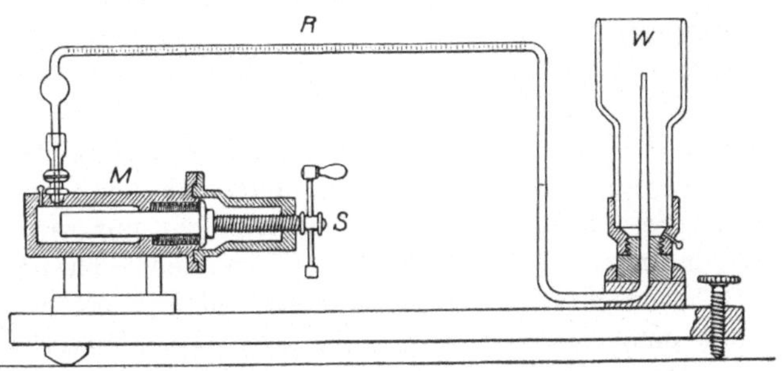

Abb. 7.   Apparat von Bonnier und Mangin.

möglicht eine schnellere und zugleich genauere Sauerstoffbestimmung; außerdem ist der modifizierte Apparat für Bestimmungen
von Wasserstoff, Kohlenoxyd und anderen Gasen brauchbar.

Einfacher ist die Handhabung des Apparates von Bonnier
und Mangin[2]); derselbe liefert aber weniger genaue Resultate.
In diesem Apparate sind die CO_2-Bestimmungen bis auf $0,3\%$, die
Sauerstoffbestimmungen bis auf $0,5\%$ zuverlässig. Diese Genauigkeit ist jedoch in manchen Fällen vollkommen genügend,
der Apparat aber so konstruiert, daß er bequem transportiert
werden und also auf Reisen und Exkursionen dienen kann. Abb. 7

---

[1]) Nach Beendigung einer Analysenserie muß die Quecksilberwanne C
sofort entleert und das Quecksilberniveau im Capillarrohr der Absorptionspipette etwas gesenkt werden.

[2]) Aubert: Rev. gén. de botan. Tome 3, p. 97. 1891.

stellt das kleine Modell des Apparates dar, das auf einem Holzgestell montiert ist und, im speziell angepaßten Holzkasten verpackt, sich besonders gut für die Reise eignet.

Der wagerechte Schenkel des Meßrohres R ist in Millimeter geteilt; das zweimal gebogene Ende des Meßrohres ist in der Wanne W in Quecksilber getaucht. Für das Einführen und Heraustreiben der Gase und Reagenzien dient der in einer mit Quecksilber gefüllten metallischen Muffel mittels Schraubenwindung bewegliche Kolben S mit Griff.

Die Gasanalysen werden in diesem Apparate auf folgende Weise ausgeführt. Das Analysenrohr mit dem darin enthaltenen Gas wird unter Quecksilber auf das Ende des Meßrohres aufgesetzt, das Gas durch Herausschrauben des Kolbens S ins Meßrohr eingeführt und durch Heben des Analysenrohres darin mit Quecksilber abgesperrt. Nun entfernt man das Analysenrohr aus der Wanne und ermittelt die Länge der Gassäule im kalibrierten Teil des Rohres mit Hilfe einer Lupe. Etwas lästig ist hierbei der Umstand, daß das Rohr, wie aus nachfolgender Darlegung ersichtlich, von den früher ausgeführten Analysen immer naß bleibt; ein Trocknen des Rohres nach je einer Analyse ist nicht nur zeitraubend, sondern direkt störend, da die nachfolgenden Ablesungen im nassen Rohr ausgeführt werden müssen und also die erhaltenen Daten mit einer im trockenen Rohr abgelesenen ursprünglichen Länge der Gassäule nicht vergleichbar sind.

Nach Ablesung des ursprünglichen relativen Gasvolumens bearbeitet man das Gas mit Kalilauge. Zu diesem Zweck setzt man ein mit konzentrierter Kalilauge gefülltes Analysenrohr auf das Ende des Meßrohres unter dem Quecksilber auf und führt die Lauge durch entsprechende Drehung des Handgriffes am Kolben S ins Meßrohr ein. Das Gas sammelt sich hierbei in der kugelförmigen Erweiterung des Rohres (oberhalb der Muffel). Man verdrängt sogleich die eingeführte Lauge ins Analysenrohr zurück; die Gassäule nimmt dabei ihre ursprüngliche Lage im Meßrohr ein und CO_2 wird durch die den Wandungen des Rohres anhaftende Lauge absorbiert. Jetzt liest man die Länge der Gassäule ab; die Differenz der beiden Ablesungen ergibt die relative Menge des Kohlendioxydes. Auf genau dieselbe Weise bestimmt man die Menge des Sauerstoffs, indem man alkalische Pyrogallollösung einführt, die den Sauerstoff absorbiert. Die erhaltenen Daten drückt man in Prozentzahlen aus. Nach Beendigung je einer Analyse spült man das Meßrohr mit verdünnter Salpetersäure und danach dreimal mit destilliertem Wasser.

Ist eine noch geringere Genauigkeit der Bestimmung für die Versuchszwecke genügend, so verzichtet man auf Anwendung besonderer Apparate für Gasanalysen und bedient sich verschiedener einfacherer Einrichtungen. So ist z. B. der Atmungsapparat von Godlewski[1]) auf folgende Weise konstruiert: als Rezipient dient ein dickwandiger kalibrierter Kolben, der mit Manometerrohr versehen ist. Innerhalb des Kolbens ist ein kleines Gefäß mit abgewogener Menge konzentrierter Kalilauge aufgehängt und der Kolben luftdicht verschlossen. Sobald die Pflanzen Sauerstoff aufzunehmen und CO_2 abzuscheiden beginnen, wird letzteres durch Kalilauge absorbiert. Der Luftdruck im Apparate wird infolgedessen vermindert, und das Quecksilber fängt an im Manometerrohr zu steigen. Diese Druckverminderung ergibt zu jeder Zeit durch einfache Umrechnung das Volumen des eingeatmeten Sauerstoffs. Das abgeschiedene Kohlendioxyd wird nach Beendigung des Versuches bestimmt. Man verdünnt die Kalilauge mit viel Wasser und bestimmt CO_2 in Form von $BaCO_3$. In Betreff der mannigfaltigen Korrektionen, die bei dieser Bestimmung unerläßlich sind, muß auf die Originalmitteilung Godlewskis verwiesen werden.

Bei der simultanen Bestimmung des absorbierten Sauerstoffs und des abgeschiedenen Kohlendioxyds muß man selbstverständlich Rezipienten verwenden, in denen Pflanzen luftdicht eingesperrt werden können und die eine Entnahme der Gasproben für die Gasanalysen ermöglichen. Kostytschew verwendete mit Vorteil konische Kolben, die auch für Kulturen der niederen Organismen auf flüssigen oder festen Nährböden brauchbar sind (Abb. 8). Ein jeder Kolben hat einen Inhalt von 200—500 ccm und ist mit einem doppelt durchbohrten Kautschukstopfen verschlossen, in dem ein Zu- und ein Ableitungsrohr steckt [2]). Die Erweiterung C am Halse des Kolbens oberhalb des Stopfens füllt man mit Quecksilber und erzielt hierdurch einen vollkommen luftdichten Verschluß. Der äußere senkrechte Schenkel des Ableitungsrohres b

---

[1]) Godlewski, E.: Jahrb. f. wiss. Botanik. Bd. 13, S. 491. 1882.

[2]) Für Kulturen von niederen Organismen ist es praktisch, nahe am Boden des Kolbens einen seitlichen Tubulus anzubringen, der durch Gummischlauch mit Quetschhahn verschlossen ist. Mittels dieser Einrichtung kann ein Wechsel der Nährlösung bequem vollzogen werden, was oft von Bedeutung ist.

ist kalibriert und dient als Manometer. Der mit Pflanzenmaterial versetzte Kolben wird auf obige Weise verschlossen, das Manometerrohr in Quecksilber getaucht und das Zuleitungsrohr a mittels eines dickwandigen Gummischlauches mit der zur Entnahme von Gasproben bestimmten Gaspipette (s. u.) verbunden. Am Gummischlauche ist ein Quetschhahn angebracht. Durch Entnahme einer entsprechenden Gasmenge stellt man das Quecksilberniveau im Manometerrohr auf beliebiger Höhe ein und füllt alsdann den äußeren senkrechten Schenkel des Zuleitungsrohres mit Quecksilber. Schließt man nun den Quetschhahn, so bleibt die innere Atmosphäre des Kolbens von der äußeren Luft lediglich durch

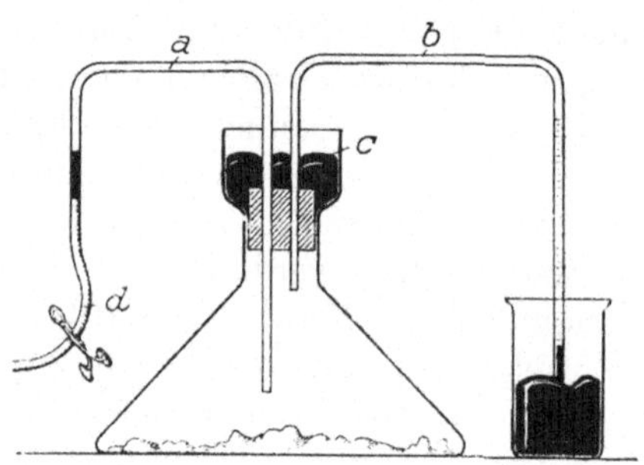

Abb. 8. Kolben von Kostytschew.

Glas und Quecksilber getrennt, wie es auf Abb. 8 dargestellt ist. Der Verschluß ist also tadellos luftdicht. Zur Entnahme der Gasproben aus dem Rezipiente dient die Gaspipette von Kostytschew (Abb. 9). Mit Hilfe des Dreiweghahnes r kann die Kugel l entweder mit dem Rohr g oder mit dem Rohr h in Verbindung gebracht werden. Der einfache Hahn f setzt die Kugel l mit der Birne m in Verbindung. Die Pipette ist auf eine standfeste Holzfassung geschraubt.

Mit Hilfe der Birne m füllt man die Kugel l und die beiden Röhren g und h mit Quecksilber. Zu diesem Zwecke hebt man die Birne, verbindet die Kugel l mit dem Rohr g und öffnet den Hahn f. Sobald die Kugel und das ganze Rohr bis zu seiner äußeren Mündung mit Quecksilber gefüllt ist und aus der Mündung ein Tropfen Quecksilber herausragt, dreht man den Hahn r so um, daß nunmehr das Rohr h mit der Kugel kommuniziert und füllt auch dieses Rohr mit Quecksilber, wonach man den einfachen Hahn f schließt. Alsdann taucht man das gebogene Ende des Rohres g in ein mit Quecksilber gefülltes dickwandiges Gefäß und verbindet das Rohr h mit dem Gummischlauch d des eben für den Versuch ausgerüsteten Kolbens von Kostytschew. Man entnimmt dem Kolben eine gewisse Gasmenge dadurch, daß man die Birne m senkt und den Glashahn f öffnet. Infolgedessen steigt das Quecksilber im Manometerrohr b des Versuchskolbens auf eine gewisse Höhe. Nun schließt man den Hahn f, setzt durch eine entsprechende Drehung des Dreiweghahnes r die Kugel l mit dem Rohr g in Verbindung, hebt die Birne m, öffnet den einfachen Hahn f und verdrängt das Gas aus der Kugel und dem Rohr g bis auf die letzten Spuren. Nach Schließen des Hahnes f verbindet man die Kugel l wieder mit dem Rohr h und füllt dieses Rohr und den angeschlossenen senkrechten Schenkel a des Kolbenrohres mit Quecksilber; die hierzu notwendigen Manipulationen sind aus obiger Darlegung verständlich: man hebt die Birne m und öffnet den Hahn f. Jetzt ist der Versuchskolben luftdicht verschlossen, wie es auf der Abbildung zu sehen ist. Nun notiert man den Barometerstand und das

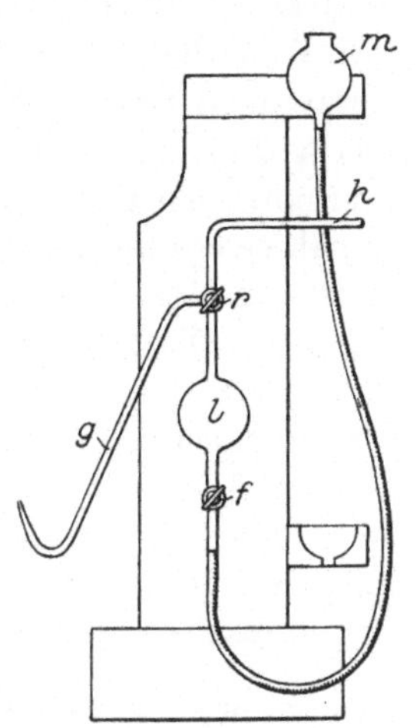

Abb. 9. Gaspipette von Kostytschew.

Quecksilberniveau im Manometerrohr und beginnt damit den Versuch. Dieses Einsperren des Kolbens ist eigentlich sehr einfach: nach geringer Übung ist es leicht und sicher in kürzerer Zeit ausführbar, als sie zum Durchlesen obiger Beschreibung notwendig ist.

Der eigentliche Versuch besteht darin, das man von Zeit zu Zeit Gasproben auf die oben beschriebene Weise dem Versuchskolben entnimmt und durch das Rohr g in die mit Quecksilber vollständig gefüllten Analysenröhren überführt. Dieses Verfahren ist dem ursprünglichen Schließen des Versuchskolbens vollkommen analog, nur braucht man im letzteren Falle die Gasportion nicht aufzubewahren und zu analysieren.

Die Gasanalysen ergeben den Prozentgehalt, nicht aber die absoluten Mengen der einzelnen Bestandteile der zu untersuchenden

Gasmischung. Dies genügt aber für die Ermittelung der Größe von $\frac{CO_2}{O_2}$. Der Berechnung von $\frac{CO_2}{O_2}$ liegt die Tatsache zugrunde, daß bei der Atmung weder Absorption, noch Ausscheidung von Stickstoff stattfindet. Nehmen wir an, daß a — der Prozentgehalt an CO_2, b — der Prozentgehalt an Sauerstoff und c — der Prozentgehalt an Stickstoff und anderen inerten Gasen in der analysierten Gasmischung ist. Es sei ferner bekannt, daß am Beginn des Versuches die im Rezipienten eingeschlossene Luft normale Zusammensetzung hatte ($O_2 = 20{,}9\,^0/_0$; $N_2 = 79{,}1\,^0/_0$). Ist c nicht gleich 79,1, so hat sich das Gesamtvolumen der Gasmischung (auf normalen Druck reduziert) verändert: ist $c < 79{,}1$, so hat eine Zunahme des Gesamtvolumens stattgefunden; ist dagegen $c > 79{,}1$ so ist das Gesamtvolumen am Ende des Versuches geringer als am Anfang. Die Zunahme des Gesamtvolumens deutet darauf hin, daß eine CO_2-Produktion ohne entsprechende Sauerstoffaufnahme stattgefunden hat; im entgegengesetzten Falle ist man dagegen berechtigt eine überschüssige Sauerstoffaufnahme zu vermuten. In beiden Fällen bedarf die für absorbierten Sauerstoff gefundene Zahl einer Korrektion, damit sie mit der Prozentzahl des gebildeten CO_2 direkt vergleichbar ist. Der dem Stickstoffgehalte c entsprechende ursprüngliche Sauerstoffgehalt wäre gleich $20{,}9 \cdot \dfrac{c}{79{,}1}$;

hiernach ist die Menge des absorbierten Sauerstoffs gleich $\dfrac{20{,}9 \cdot c}{79{,}1} - b$

und $\dfrac{CO_2}{O_2} = \dfrac{a}{\dfrac{20{,}9}{79{,}1}\,c - b}$, oder wenn wir $\dfrac{20{,}9}{79{,}1}$ durch q ausdrücken,

so ergibt sich folgende Gleichung: $\dfrac{CO_2}{O_2} = \dfrac{a}{cq - b}$.

Durch eine Reihe von Gasanalysen ermittelt man den zwischen $20{,}80\,^0/_0$ und $20{,}96\,^0/_0$ schwankenden Sauerstoffgehalt der umgebenden Luft und berechnet hiernach die Größe von q.

In einigen Versuchen darf man sich nicht mit der Bestimmung von $\dfrac{CO_2}{O_2}$ begnügen, sondern muß auch die absoluten Mengen des absorbierten Sauerstoffs und des abgeschiedenen Kohlendioxydes kennen. Zu diesem Zwecke ist es notwendig, außer dem Prozentgehalte der einzelnen Bestandteile auch das Gesamtvolumen der

Gasmischung im Rezipiente zu ermitteln. Da ein direktes Kalibrieren des Versuchsgefäßes samt dem darin enthaltenen Versuchsmaterial in den meisten Fällen nicht ausführbar ist, so bestimmt man das Volumen des geschlossenen Raumes auf folgende Weise. Man entnimmt dem Versuchskolben vor Anfang des Versuches eine Gasportion v, die man beim atmosphärischen Drucke H in einem kalibrierten Eudiometer mißt. Dann notiert man mit Hilfe des Manometerrohres die durch Entnahme der Gasportion im Kolben entstandene Druckverminderung. Es sei h der Gasdruck im Kolben vor und h' — der Gasdruck nach der Entnahme der Portion v. Aus diesen Daten berechnet man das gesuchte Gesamtvolumen x des Gases im Kolben auf Grund des Gesetzes von Boyle-Mariotte:

$$x = \frac{vH}{h - h'}.$$

Denn $xh = xh' + vH$.

Kennt man nun die Volumina des aufgenommenen Sauerstoffs und des abgeschiedenen Kohlendioxyds, so erhält man durch einfache Berechnung auch die Gewichtsmengen der beiden Gase.

Verwendet man sehr große Pflanzenmengen zum Versuch oder ist man nicht imstande, das Versuchsmaterial in den Hals des Kolbens ohne Beschädigung einzuführen, so ersetzt man den Kolben durch eine Glasglocke, deren obere Öffnung mit einem doppelt durchbohrten Kautschukstopfen verschlossen ist. In die Bohrungen des Stopfens führt man dieselben Röhren ein, von denen vorstehend bei Beschreibung des Kolbens von Kostytschew die Rede war. Der untere Rand der Glasglocke muß einer angeschliffenen Glasplatte mittels Vakuumfett luftdicht angepaßt sein. Bei genauen Versuchen stellt man die Glocke samt der Glasplatte in eine Krystallisierschale mit Quecksilber um einen vollkommen tadellosen Verschluß zu erzielen. Auch der Kautschukstopfen an der oberen Öffnung der Glocke wird in Quecksilber getaucht; auf diese Weise ist die Handhabung der Glocke derjenigen des Kolbens durchaus analog. Das Versuchsmaterial stellt man in einer Schale auf die Glasplatte und überdeckt es dann mit der Glocke.

Bei Anwendung sehr geringer Mengen des Versuchsmaterials bedient man sich mit Vorteil gewöhnlicher Eudiometerröhren. Das Material führt man in den oberen Teil des Eudiometers ein und fixiert seine Lage mit Glaswolle. Dann wird das untere Ende des Eudiometers in Quecksilber getaucht und weiter nach den allgemeinen Grundlagen der gasometrischen Methoden vorgegangen.

II. Die anaerobe Atmung.

1. Der allgemeine Begriff der anaeroben Atmung.

Indem wir die Sauerstoffatmung der Pflanzen als eine langsame Verbrennung von Zuckerarten und anderen organischen Stoffen betrachten, taucht die Frage auf, wie kommt eine derartige Zuckerverbrennung in lebenden Zellen bei niedrigen Temperaturen zustande? Wissen wir doch, daß z. B. Zuckerlösungen selbst nach jahrelangem Stehenlassen unter sterilen Verhältnissen bei Zimmertemperatur keine Veränderung aufweisen, und namentlich wird der Zucker auch bei vollem Luftzutritt gar nicht oxydiert; der Zuckergehalt der Lösung bleibt jahrelang konstant.

Den Schlüssel zur Lösung dieses höchst interessanten und wichtigen Rätsels liefern uns verschiedene nachstehend beschriebene Tatsachen, unter denen der Vorgang der sogenannten anaeroben Atmung wohl den ersten Platz einnimmt. Diese merkwürdige Lebenserscheinung muß nun eingehend beschrieben werden.

Bei seinen bahnbrechenden Untersuchungen über Gärungen hat L. Pasteur die folgende hervorragende Beobachtung gemacht: Verschiedene Pflanzen und Pflanzenteile scheiden CO_2 selbst in einer sauerstofffreien Atmosphäre aus; gleichzeitig wird in den Geweben Äthylalkohol gebildet. Die Alkoholbildung durch Samenpflanzen wurde sowohl durch Pasteur[1] selbst, als durch seine Schüler Lechartier und Bellamy[2] außer Zweifel gestellt. Diese Entdeckung war keine zufällige; sie ist vielmehr eine Folge der Pasteurschen Gärungstheorie, die Pasteur zuerst in bezug auf Hefe ausgesprochen und durch sinnreiche Experimente unterstützt hat. Diese Theorie lautet so: „Gärung ist Leben ohne Sauerstoff". Nach Pasteurs Anschauungen wird der Energiebedarf der Hefepilze bei vollem Sauerstoffzutritt durch gewöhnliche Sauerstoffatmung befriedigt. Bei Sauerstoffabschluß tritt alkoholische

---

[1] Pasteur, L.: Cpt. rend. Tome 75, p. 784. 1872; Études sur la bière. 1876.

[2] Lechartier et Bellamy: Cpt. rend. Tome 69, p. 356, 466. 1869; Tome 75, p. 1203. 1872; Tome 79, p. 1006. 1874.

Gärung als Energiequelle vikariierend ein; hierdurch wird dauerndes
Leben und selbst Vermehrung der Hefezellen bei Sauerstoffmangel
ermöglicht. Nun hat Pasteur angenommen, daß auch in anderen
Pflanzen analoge Erscheinungen, obwohl mit geringerer Schärfe
bei Sauerstoffabschluß hervortreten; die experimentelle Prüfung
dieser Annahme ergab in der Tat, daß die Hauptprodukte der
alkoholischen Gärung, d. i. Äthylalkohol und Kohlendioxyd auch
in verschiedenen Samenpflanzen bei anaerobiotischen Lebensverhältnissen entstehen.

Es ist leicht begreiflich, daß erst die planmäßigen Untersuchungen Pasteurs und seiner Schüler Beachtung fanden, obwohl die CO_2-Ausscheidung bei Sauerstoffabschluß bereits früher
von verschiedenen Forschern, wie z. B. von Rollo[1]), de Saussure[2])
Dumont[3]), Berard[4]) und Döbereiner[5]) für verschiedene
Pflanzenorgane festgestellt worden war. Es war aber dahingestellt
geblieben, ob diese CO_2-Bildung überhaupt als eine Lebenserscheinung anzusehen sei. Da namentlich Pasteur zuerst von einer
alkoholischen Gärung der Samenpflanzen gesprochen hat und also
die anaerobe CO_2-Bildung als einen durchaus vitalen Vorgang bezeichnete, ist der genannte Forscher wohl der Begründer der Lehre
von der anaeroben Atmung der Pflanzen zu nennen. Pasteur hat
auch verschiedene Schimmelpilze bei Sauerstoffmangel studiert
und die wichtige Tatsache festgestellt, daß zwischen Hefe und
vollkommen aeroben Pilzen (wie z. B. Penicillium glaucum)
verschiedene Übergangsstufen zu verzeichnen sind. So stellen
z. B. Mucorarten zum Teil streng aerobe Schimmelpilze, zum Teil
aber Gärungsorganismen vor. Selbst streng aerobe Schimmelpilze, bilden jedoch, nach Pasteurs Angaben, geringe Mengen
von CO_2 und Alkohol bei Sauerstoffabschluß.

Die Untersuchungen Pasteurs waren Böhm[6]) nicht bekannt,
als er wiederum anaerobe CO_2-Ausscheidung durch grüne Pflanzenteile entdeckte, aber keine theoretischen Schlußfolgerungen daraus
zog. Auch ist ihm die Alkoholbildung entgangen. Die späteren

---

[1]) Rollo: Ann. de chim. Tome 25, p. 42. 1798.
[2]) de Saussure: Recherches chim. sur la végétation. 1804.
[3]) Dumont: Neues Journ. f. Pharmaz. Bd. 3, S. 568. 1819.
[4]) Bérard: Ann. de chim. et de physique. Tome 16. 1821.
[5]) Döbereiner: Ann. d. Physik. Bd. 72, S. 430. 1822.
[6]) Böhm: Sitzungsber. d. Akad. d. Wiss. Wien. Abt. I. Bd. 67, S. 219.
1873.

Untersuchungen von Muntz[1]), Brefeld[2]) und de Luca[3]) haben die weite Verbreitung der „anaeroben Atmung" im Pflanzenreiche ans Tageslicht gebracht. Muntz hat seine Untersuchungen mit höheren Pilzen ausgeführt und regelmäßig CO_2- und Alkoholbildung festgestellt. Die umfangreichen Untersuchungen von Brefeld ergaben, daß sowohl verschiedene Schimmelpilze, als auch Samen, fleischige Früchte, Laubblätter, Blüten und Holz von verschiedenen Samenpflanzen Alkohol bei Sauerstoffabschluß erzeugen. Auch de Luca kam zu denselben Resultaten mit Laubblättern und Früchten verschiedener Pflanzen. In neuerer Zeit haben Matruchot und Molliard[4]) diese älteren Untersuchungen mit Hilfe der modernen Methodik unter aseptischen Kautelen wiederholt und im allgemeinen bestätigt. Übrigens hatte bereits Muntz[5]) in einer späteren Arbeit ganze Topfpflanzen in einer aus reinem Stickstoff bestehenden Atmosphäre belassen, um dem Einwande vorzubeugen, daß abgetrennte Pflanzenteile bei Sauerstoffabschluß schnell absterben und Alkoholproduktion als eine pathologische Erscheinung hervorbringen. Auch in diesen Versuchen hat Alkoholproduktion regelmäßig stattgefunden, die Pflanzen blieben aber gesund und nach Wiederherstellung normaler Aeration hat Muntz eine weitere ungehinderte Entwicklung der Versuchsobjekte festgestellt. Diese eleganten Versuche wurden von späteren Forschern viel zu wenig beachtet; sie weisen unzweideutig nach, daß Alkoholbildung nicht eine nur beim Tode der Pflanzen hervortretende Erscheinung ist, wie es verschiedene Autoren selbst noch nach der Veröffentlichung obiger Untersuchungen Muntzs ohne genügenden Grund behaupteten.

Was nun die Intensität der anaeroben Atmung anbelangt, so ist dieselbe meistens geringer, oft bedeutend geringer als die Intensität der Sauerstoffatmung. Die ersten sorgfältigen Untersuchungen über die Größe von I/N, d. i. des Verhältnisses der Intensität der sogenannten intramolekularen (anaeroben)[6]) zu

---

[1]) Muntz: Ann. de chim. et de physique. Sér. V, Tome 8, p. 56. 1876.

[2]) Brefeld: Landwirtschaftl. Jahrb. Bd. 5, S. 281. 1876.

[3]) de Luca: Ann. sc. nat. Sér. VI, Botanique. Tome 6, p. 286. 1876.

[4]) Matruchot et Molliard: Rev. gén. de botan. Tome 15, p. 193. 1903.

[5]) Muntz: Ann. de chim. et de physique. Sér. V, Tome 13, p. 543. 1878.

[6]) Die Bezeichnung „anaerobe Atmung" wurde zuerst von S. Kostytschew (1902) eingeführt. Vgl. Kostytschew, S.: Ber. d. botan. Ges. Bd. 20, S. 327. 1902; auch Jahrb. f. wiss. Botanik. Bd. 40, S. 563. 1904.

derjenigen der normalen Atmung hat Wilson[1]) ausgeführt. Die Ergebnisse dieser Bestimmungen sind in der folgenden Tabelle zusammengefaßt.

Pflanzenobjekt	I/N.
Keimende Samen von Vicia Faba	0,99
„ „ „ „ „	1,09
„ „ „ „ „	0,83
„ „ „ „ „	1,20
Keimpflanzen von Triticum vulgare	0,49
„ „ Cucurbita Pepo	0,35
„ „ Sinapis alba	0,18
„ „ „ „	0,18
„ „ Brassica Napus	0,25
„ „ Cannabis sativa	0,34
„ „ Helianthus annuus	0,35
„ „ Lupinus luteus	0,24
Unreife Früchte von Heracleum giganteum	0,42
Beblätterte Sprossen von Abies excelsa	0,08
Stengel von Orobanche ramosa	0,32
Kolben von Arum maculatum	0,62
Beblätterte Sprosse von Ligustrum vulgare	0,82
Fruchtkörper von Lactarius piperatus	0,32
„ „ Hydnum repandum	0,26
„ „ Cantharellus cibarius	0,67
Hefe auf Lactoselösung	0,31

Aus obiger Tabelle ist ersichtlich, daß die Größe von I/N bei verschiedenen Pflanzen durchaus nicht konstant bleibt.

Auch Moeller[2]) hat Bestimmungen von I/N bei verschiedenen Keimpflanzen ausgeführt und gelangte ebenfalls zu schwankenden Resultaten. Ob Bestimmungen von I/N überhaupt theoretische Bedeutung zugesprochen werden kann, ist fraglich, da die Energie der anaeroben Atmung meistens von Stunde zu Stunde sinkt. Dies ist namentlich bei solchen Pflanzen der Fall, bei denen geringe Werte von I/N gefunden waren. Wegen Mangels an Betriebsenergie und Vergiftung durch schädliche Produkte des anaeroben Stoffwechsels wird die Pflanze gelähmt und stirbt allmählich ab. Bei solchen Verhältnissen ist die Größe von I/N in erster Linie davon abhängig, wie lange die Pflanze unter anaeroben Verhältnissen verweilte; auf diese Weise erhält man oft mit einem und demselben

---

[1]) Wilson: Flora. Bd. 65, S. 93. 1882; vgl. auch Pfeffer: Untersuch. aus d. botan. Inst. Tübingen. Bd. 1, S. 105. 1881—1885.

[2]) Moeller: Ber. d. botan. Ges. Bd. 2, S. 306. 1884.

Versuchsmaterial schwankende Resultate. In neuester Zeit hat Boysen-Jensen wiederum Bestimmungen von I/N ausgeführt[1]). Seine Resultate sind in folgender Tabelle zusammengestellt:

Pflanzenobjekt	I/N.
Keimblätter von Erbsen	0,83
,, ,, ,,	0,79
Wurzeln von Daucus Carota	0,75
,, ,, ,, ,,	1,10
,, ,, ,, ,,	0,80
,, ,, ,, ,,	0,58
Grüne Trauben	1,3
,, ,,	1,1
Blaue Trauben	1,2
,, ,,	1,2
,, ,,	1,0
,, ,,	0,74
Kartoffelknollen	0,73
,,	1,0
,,	0,44
,,	0,93
,,	1,1
Blätter von Tropaeolum majus	0,55
,, ,, ,, ,,	0,56
,, ,, ,, ,,	0,56
Keimpflanzen von Sinapis sp.	0,18
,, ,, ,, ,,	0,21

Es ist einleuchtend, daß eine so schwache alkoholische Gärung, wie sie bei vorstehend angeführten Pflanzen bei Sauerstoffabschluß stattfindet, für den normalen Lebensbetrieb der Pflanzen nicht einmal annähernd ausreicht. Sowohl theoretische Berechnungen, wie direkte calorimetrische Bestimmungen ergeben, daß die Wärmetönung bei Vergärung von 1 Mol. Traubenzucker gleich 24—28 Calorien ist, indes die Verbrennung von 1 Mol. Traubenzucker im Atmungsvorgange 674 Calorien liefert[2]). Infolgedessen müssen etwa 25 Mol. Zucker vergoren werden um dieselbe Energiemenge zu erzeugen, die bei Veratmung von 1 Mol. Zucker entsteht. Ein

---

[1]) Boysen-Jensen, P.: Det kgl. danske videnskabernes selskab. biologiske meddelelser. Bd. 4, S. 1. 1923.

[2]) Vgl. dazu H. Euler: Chemie der Hefe und der alkoholischen Gärung. 1915. S. 246; Rubner, M.: Arch. f. Hyg. Bd. 49, S. 355. 1904; Die Ernährungsphysiologie der Hefe bei alkoholischer Gärung. 1913; Stohmann, F.: Journ. f. prakt. Chem. Bd. 19, S. 115. 1879; Bd. 31, S. 273. 1885); Zeitschr. f. Biol. Bd. 13, S. 364. 1894.

so gesteigerter Zuckerverbrauch findet in der Tat bei der alkoholischen Gärung von Hefepilzen statt, nicht aber bei der anaeroben Atmung der Samenpflanzen, wo die Energieproduktion oft 50 bis 100 mal geringer ist als bei normalen Lebensverhältnissen. Wegen Mangels an Betriebsenergie gehen die Pflanzen schließlich zugrunde, falls die temporäre Anaerobiose zu lange dauert; selbst nach kurzdauernder Sauerstoffentziehung bemerkt man zuweilen eine Vergiftung des Versuchsmaterials. Nach Herstellung normaler Aeration erholen sich dann die Pflanzen allmählich wieder, indem die bei Sauerstoffabschluß produzierten Stoffe in Oxydationsvorgängen verbrannt werden.

Direkte, von Eriksson[1]) ausgeführten calorimetrischen Messungen ergaben in der Tat, daß die Wärmeproduktion bei anaerober Atmung äußerst geringfügig ist und in voller Übereinstimmung mit theoretischen Berechnungen nur einen geringen Bruchteil von derjenigen der normalen Atmung ausmacht.

Merkwürdig ist jedoch der Umstand, daß der Einfluß von verschiedenen Umständen auf die normale und die anaerobe Atmung ein und derselbe ist. So hat Amm[2]) die interessante Beobachtung gemacht, daß bei der gelben Lupine die Größe von I/N auf verschiedenen Keimungsstufen konstant bleibt, wenn die Anaerobiose nicht zu lange dauert. Da nun die Intensität der normalen Atmung im Verlaufe der Keimungsperiode durch die sogenannte große Atmungskurve ausgedrückt wird (s. o.), so ist die Schlußfolgerung naheliegend, daß bei gesteigerter Lebenstätigkeit nicht nur normale, sondern im entsprechenden Maßstabe auch anaerobe Atmung energischer wird. Dies ist ein neuer Beweis davon, daß die anaerobe Atmung nicht eine pathologische Erscheinung, sondern einen mit normalem respiratorischem Stoffwechsel zusammenhängenden Vorgang darstellt. Dieselbe Schlußfolgerung können wir ungezwungen aus den Versuchsergebnissen von Chudiakow[3]) und Palladin[4]) ziehen. Chudiakow hat dargetan, daß die Größe von I/N bei verschiedenen Temperaturen durchaus konstant bleibt, da die Intensität der anaeroben Atmung durch Temperaturänderung im selben Maße wie diejenige der normalen Atmung beeinflußt wird.

---

[1]) Eriksson: Untersuch. aus d. botan. Inst. Tübingen. Bd. 1, S. 636. 1881—1885.

[2]) Amm: Jahrb. f. wiss. Botanik. Bd. 25, S. 1. 1893.

[3]) Chudiakow, N.: Landwirtschaftl. Jahrb. Bd. 23, S. 333. 1894.

[4]) Palladin, W.: Rev. gén. de botan. Tome 6, p. 201. 1894.

Auch für die anaerobe Atmung, ist Chudiakows Ergebnissen
nach ebenso wie für normale keine optimale Temperatur zu verzeichnen. Noch interessanter ist folgende Tatsache, die sich durch
Umrechnung der Chudiakowschen Zahlen ergibt[1]): solange die
Intensität der anaeroben Atmung konstant bleibt (also das Versuchsmaterial nicht vergiftet ist); scheiden verschiedene Keimpflanzen im ganzen gleiche CO_2-Mengen bei verschiedenen Temperaturen aus. Da aber die Intensität der anaeroben Atmung
durch Temperaturerhöhung gesteigert wird, so ist einleuchtend,
daß die Lähmung der vitalen Tätigkeit bei hohen Temperaturen
schneller als bei niedrigen eintritt. Dies wird durch folgende
Zahlen erläutert:

I. Keimpflanzen von Vicia Faba[2]).

a) Bei 20⁰ plötzliches Sinken der CO_2-Bildung bei Sauerstoffabschluß
nach 9 Stunden.
CO_2 gebildet in 9 Stunden 218 ccm.
b) Bei 35⁰ plötzliches Sinken der CO_2-Bildung bei Sauerstoffabschluß
nach 6 Stunden.
CO_2 gebildet in 6 Stunden 223 ccm.

II. Keimpflanzen von Pisum sativum[3]).

a) Bei 20⁰ Sinken der CO_2-Bildung bei Sauerstoffabschluß nach 9 Stunden.
CO_2 gebildet in 9 Stunden 154 ccm.
b) Bei 30⁰ Sinken der CO_2Bildung bei Sauerstoffabschluß nach 6 Stunden.
CO_2 gebildet in 6 Stunden 159 ccm.
c) Bei 40⁰ Sinken der CO_2-Bildung bei Sauerstoffabschluß nach 5 Stunden.
CO_2 gebildet in 5 Stunden 159 ccm.

III. Keimpflanzen von Pisum sativum[4]).

a) Bei 20⁰ Sinken der CO_2-Bildung nach 7 Stunden.
CO_2 gebildet in 7 Stunden 358 ccm.
b) Bei 35⁰ Sinken der CO_2-Bildung nach 4 Stunden.
CO_2 gebildet in 4 Stunden 366 ccm.

Es ist nicht außer acht zu lassen, daß eine Temperatursteigerung verschiedene Stoffumwandlungen in der lebenden Zelle
stimuliert. Diese stärkere Lebenstätigkeit erfordert einen größeren
Energieaufwand; da nun die anaerobe Atmung nicht imstande
ist, eine entsprechende Energiemenge zu bilden, so kann die

---

[1]) Vgl. dazu S. Kostytschew: Untersuchungen über die anaerobe
Atmung der Pflanzen. 1907. S. 23. Russisch.
[2]) Chudiakow, N.: a. a. O. S. 381. — [3]) Derselbe: a. a. O. S. 384.
[4]) Derselbe: a. a. O. S. 381.

Zelle bei niedrigerer Temperatur ihr Leben eine längere Zeit hindurch fristen, als bei höherer Temperatur, da in letzterem Falle die Vergiftung durch Produkte des unvollkommenen Stoffwechsels sich schneller geltend macht.

Palladin[1]) hat dargetan, daß etiolierte Bohnenblätter die CO_2-Bildung nach Zuckergabe nicht nur bei Sauerstoffzutritt, sondern auch bei Sauerstoffabschluß steigern, und zwar in genau demselben Verhältnis; infolgedessen wird die Größe von I/N durch Zuckergabe gar nicht geändert. Auch dieses Ergebnis ist wohl als keine zufällige Übereinstimmung der Versuchszahlen anzusehen. Nicht minder beachtenswert sind die Resultate von Morkowin[2]), der gefunden hat, daß selbst eine so vorübergehende Stimulierung der Atmung, wie die durch Giftwirkung hervorgerufene, das Verhältnis I/N nicht ändert. Die normale Atmung wird also durch chemische Reizwirkungen genau im selben relativen Maße gesteigert wie die anaerobe Atmung.

Nicht alle Pflanzen gehen mit derselben Leichtigkeit von der normalen zur anaeroben Atmung über. Besonders lehrreich sind in dieser Beziehung Beobachtungen über Pilze. Stark gärungsfähige Hefearten und Mucoraceen entwickeln selbst bei unbedeutender Hemmung der Aeration (Eintauchen in eine dünne Schicht Nährlösung) eine regelrechte alkoholische Gärung, und es werden hierbei die Oxydationsvorgänge in ihren Zellen herabgedrückt[3]). Eine so geringe Veranlassung genügt also dazu, in diesen Organismen normale Atmung durch anaerobe Spaltungsvorgänge zu ersetzen. Ganz anders verhalten sich die sogenannten streng aeroben Schimmelpilze. Nach eigenen Erfahrungen[4]) des Verf. bildet Aspergillus niger keine Spur von Alkohol, wenn die Pilzdecke zwar in zuckerhaltige Nährlösung total versenkt ist, aber die Atmosphäre über der Lösung sauerstoffhaltig bleibt. Die im Wasser gelöste Sauerstoffmenge genügt schon dazu, die anaeroben Vorgänge vollkommen auszuschließen. Nur bei Sauerstoffabschluß, nicht aber bei Sauerstoffmangel wird alkoholische

---

[1]) Palladin, W.: Rev. gén. de botan. Tome 6, p. 201. 1894.

[2]) Morkowin, N.: Ber. d. botan. Ges. Bd. 21, S. 72. 1903.

[3]) Kostytschew, S.: Zentralbl. f. Bakteriol., Parasitenk. u. Infektionskrankh., Abt. II. Bd. 13, S. 490. 1904; Kostytschew, S. und P. Eliasberg: Zeitschr. f. physiol. Chem. Bd. 111, S. 141. 1920.

[4]) Kostytschew, S. und M. Afanassiewa: Jahrb. f. wiss. Botanik. Bd. 60, S. 628. 1921.

Gärung in streng aeroben Schimmelpilzen in Betrieb gesetzt. Die Untersuchungen von Wilson[1]), Stich[2]) und Johannsen[3]) zeigen, daß auch Samenpflanzen einer Hemmung der Aeration gegenüber nicht in gleichem Maße empfindlich sind. Nach Stich findet eine deutliche Zunahme der Größe von $\dfrac{CO_2}{O_2}$ meistens bei einem Sauerstoffgehalte von $1-4\%$ statt. Diese überschüssige CO_2-Produktion ist auf die Anteilnahme der anaeroben Atmung am Betriebsstoffwechsel zurückzuführen.

2. Die Produkte der anaeroben Atmung.

Bereits die ersten Arbeiten Pasteurs über die anaerobe Atmung der Pflanzen deuten darauf hin, daß bei diesem Vorgange ebenso wie bei der Hefegärung CO_2 und Alkohol entsteht. Von einer Identität der anaeroben Atmung mit der alkoholischen Gärung konnte aber nicht die Rede sein, bevor durch quantitative Bestimmungen das Verhältnis CO_2 : Alkohol bei verschiedenen Pflanzen ermittelt wurde. Bei der alkoholischen Gärung entstehen laut der Gleichung $C_6H_{12}O_6 = 2\,CO_2 + 2\,C_2H_5OH$ äquimolekulare Mengen von CO_2 und Alkohol oder, nach genauen Analysen Pasteurs, auf 100 Gewichtsteile CO_2 100—105 Gewichtsteile Äthylalkohol. Dieses Verhältnis wurde für die anaerobe Atmung der Samenpflanzen zuerst von Godlewski und Polzeniusz[4]) ermittelt. Die genannten Forscher haben gefunden, daß bei keimenden Erbsensamen, die eine energische anaerobe Atmung entwickeln, das Verhältnis $CO_2 : C_2H_5OH$ der theoretischen Größe der alkoholischen Gärung ziemlich genau entspricht. Godlewski und Polzeniusz haben die anaerobe Atmung der Samenpflanzen, auf Grund dieser Ergebnisse mit der alkoholischen Gärung identifiziert.

Spätere zahlreiche Analysen von Kostytschew und seinen Mitarbeitern haben jedoch dargetan, daß die Größe von CO_2 : C_2H_5OH mit der Gleichung der alkoholischen Gärung oft nicht in

---

[1]) Wilson: Untersuch. aus d. botan. Inst. Tübingen. Bd. 1, S. 685. 1881—1885.

[2]) Stich, C.: Flora. Bd. 74, S. 1. 1891.

[3]) Johannsen, W.: Untersuch. aus d. botan. Inst. Tübingen. Bd. 1, S. 716. 1881—1885.

[4]) Godlewski, E. und Polzeniusz: Anz. d. Akad. d. Wiss. Cracau. 1897, S. 267; 1901. S. 227.

Einklang zu bringen ist. In einigen Fällen ist die Abweichung vom theoretischen Werte so bedeutend, daß von einer Ähnlichkeit der anaeroben Atmung mit der alkoholischen Gärung gar nicht die Rede sein kann. Folgende Tabelle soll das Gesagte erläutern:

Pflanzenobjekt	$CO_2 : C_2H_5OH$
Mucor racemosus [1]	100 : 98
Mucor racemosus [1]	100 : 99
Aspergillus niger [2]	100 : 91
Aspergillus niger [3]	100 : 92
Aspergillus niger [3]	100 : 94
Blüten von Acer platanoides [4]	100 : 107
Wurzel von Daucus Carota [4]	100 : 102
Süße Äpfel „Sinap" [4]	100 : 80
Apfelsinen [4]	100 : 70
Keimpflanzen von Lepidium sativum [4]	100 : 57
Blätter von Acer platanoides [4]	100 : 58
„ „ Syringa vulgaris [4]	100 : 56
„ „ Prunus Padus [4]	100 : 51
Wurzel von Brassica Rapa [4]	100 : 49
Saure Äpfel „Anton" [4]	100 : 42
Kartoffelknollen Magnum bonum. Ruhend [4]	100 : 7
„ „ „ Sprossend [4]	100 : 0
Champignons (Psalliota campestris) Fruchtkörper [5]	100 : 0
Champignons (Psalliota campestris) Fruchtkörper [5]	100 : 0

Aus dieser Tabelle ist ersichtlich, daß bei Schimmelpilzen das Verhältnis $CO_2 : C_2H_5OH$ der Gleichung der alkoholischen Gärung ungefähr entspricht. Bei Samenpflanzen ist dagegen das theoretisch richtige Verhältnis der alkoholischen Gärung eine Ausnahme, und zwar wird immer ein Überschuß von Kohlendioxyd erzeugt. In einigen Fällen findet eine ausgiebige CO_2-Bildung statt ohne die geringste Alkoholproduktion. So verhalten sich z. B. Kartoffelknollen und Fruchtkörper von Psalliota campestris. In obigen Versuchen von Kostytschew haben Fruchtkörper von Psalliota 1563,5 mg

---

[1] Kostytschew, S. und P. Eliasberg: Zeitschr. f. physiol. Chem. Bd. 111, S. 141. 1920.

[2] Kostytschew, S.: Ber. d. botan. Ges. Bd. 25, S. 44. 1907.

[3] Kostytschew, S. und M. Afanassjewa: Jahrb. f. wiss. Botanik. Bd. 60, S. 628. 1921.

[4] Kostytschew, S.: Ber. d. bot. Ges. Bd. 31, S. 125. 1913.

[5] Kostytschew, S.: Ebenda. Bd. 25, S. 188. 1907.

bzw. 1364,4 mg CO_2 abgeschieden, aber keine Spur Äthylalkohol gebildet. Diese extremen Fälle lassen sich auf zweierlei Weise erklären. Entweder liegt hier ein besonderer Typus der anaeroben Atmung vor, der mit alkoholischer Gärung nichts zu tun hat und ohne Anteilnahme der Gärungsfermente zustande kommt, oder wird der etwa gebildete Alkohol bzw. seine Vorstufe (Acetaldehyd! usw.) sofort nach der Bildung wieder verbraucht, und eine Anhäufung von Alkohol findet nicht statt. Diese Frage wird im nächsten Kapitel ausführlicher behandelt; hier genügt es darauf hinzuweisen, daß Peptonkulturen von Aspergillus niger, die ebenfalls keine Alkoholproduktion bei Sauerstoffabschluß aufweisen, nach Ergebnissen von S. Kostytschew und M. Afanassjewa[1]) sich als zymasefrei erwiesen: sie sind nicht imstande, den zugesetzten Zucker zu vergären. Nach einiger Zeit erzeugen jedoch auch solche Kulturen Gärungsfermente, wenn sie bei vollem Luftzutritt auf Zuckerlösungen belassen sind; sie erlangen dann die Fähigkeit, große Alkoholmengen bei Luftabschluß zu produzieren. Aus diesen Ergebnissen ist der Schluß zu ziehen, daß die anaerobe Atmung der Peptonkulturen von Aspergillus niger in der Tat ein Vorgang sui generis ist, der mit alkoholischer Gärung nichts gemein hat. In folgender Tabelle von Boysen-Jensen[2]) finden wir wiederum sehr verschiedenartige Größen von $CO_2 : C_2H_5OH$. Diese neuesten Untersuchungen haben die wichtigsten Resultate von Kostytschew bestätigt.

Pflanzenobjekt	$CO_2 : C_2H_5OH$
Keimblätter von Erbsen	100 : 65
„ „ „	100 : 81
Wurzeln von Daucus Carota	100 : 91
„ „ „ „	100 : 86
„ „ „ „	100 : 72
Grüne Trauben	100 : 86
„ „	100 : 74
Blaue Trauben	100 : 95
„ „	100 : 88
„ „	100 : 81
„ „	100 : 74
Kartoffelknollen	100 : 7
„	100 : 2

---

[1]) Kostytschew, S. und M. Afanassjewa: Jahrb. f. wiss. Botanik. Bd. 60, S. 628. 1921.

[2]) P. Boysen-Jensen: Det kgl. danska videnskab. selskab. biolog. meddel. Bd. 4, S. 1. 1923.

$$\text{Pflanzenobjekt} \qquad CO_2 : C_2H_5OH$$

Kartoffelknollen	100 : 0
,, ...	100 : 0
Blätter von Tropaeolum majus	100 : 45
,, ,, ,, ,, ...	100 : 24
,, ,, ,, ,, ...	100 : 17
Keimpflanzen von Sinapis sp..	100 : 50
,, ,, ,, ,, ...	100 : 32

Auch in diesen Versuchen tritt das merkwürdige Verhalten der Kartoffeln an den Tag. Es ist sehr wahrscheinlich, daß bei ruhenden Kartoffeln ein Mangel an Gärungsfermenten sich geltend macht. Durch Wundreiz ist es Kostytschew[1]) gelungen, das Verhältnis $CO_2 : C_2H_5OH$ bei Kartoffeln auf 100 : 35 bzw. 100 : 28 zu steigern und also merkliche Alkoholproduktion hervorzurufen. Doch hat sich allerdings auch nach Wundreiz ein ganz bedeutender Überschuß von CO_2 gebildet; die anaerobe Atmung der Kartoffelknollen ist also mit der typischen alkoholischen Gärung durchaus nicht identisch. Ob außer Alkohol und CO_2 noch andere Produkte bei der anaeroben Atmung erscheinen, bleibt dahingestellt. In sämtlichen Fällen, wo ein bedeutender Überschuß von CO_2 ohne Alkoholbildung entsteht, ist eine Produktion von anderen Stoffen gewiß sehr wahrscheinlich, denn es wäre kaum denkbar, daß organische Stoffe, aus denen der CO_2-Überschuß abgeschieden wird, ohne Bildung von anderen Produkten bei Sauerstoffabschluß in CO_2 und H_2O glatt zerfallen. Ältere Forscher haben darüber berichtet, daß bei der anaeroben Atmung mannitführender Pflanzen molekularer Wasserstoff entsteht[2]), da Mannit unter Wasserstoffabspaltung in Zucker übergeht:

$$CH_2OH \cdot (CHOH)_4 \cdot CH_2OH \rightarrow CH_2OH \cdot (CHOH)_3 \cdot CO \cdot CH_2OH + H_2.$$

Kostytschew[3]) wies jedoch durch ausführliche Versuche nach, daß bei der anaeroben Atmung niemals Wasserstoffbildung zu verzeichnen ist. Nur bei bakterieller Infektion findet Mannitvergärung statt, bei der in der Tat Wasserstoff entsteht. Es ist dies aber ein Vorgang, der mit den physiologischen Stoffumwandlungen in mannitführenden Pflanzen nichts zu tun hat.

<hr>

[1]) Kostytschew, S.: Ber. d. bot. Ges. Bd. 31, S. 125. 1913.

[2]) Humboldt: Flora friburgensis. 1793; Marcet: Ann. de chim. et de physique. Sér. 2. Tome 40, p. 218; Muntz: Ebenda. Sér. 5. Tome 8, p. 67. 1876; de Luca: Ann. sc. nat. Sér. 6. Tome 6, p. 286. 1878.

[3]) Kostytschew, S.: Ber. d. botan. Ges. Bd. 24, S. 436. 1906; Bd. 25, S. 178. 1907; Physiol.-chem. Untersuch. über Pflanzenatmung. 1910. Russisch.

3. Die anaerobe Atmung unter natürlichen Verhältnissen.

Nur wenige Pflanzen zeigen anaerobe Atmung unter natürlichen Lebensverhältnissen. Hierzu gehören wahrscheinlich einige Sumpfbewohner und Pflanzen, die auf jährlich überschwemmten Wiesen vegetieren, ferner einige Samen auf bestimmten Keimungsstadien, einige Früchte und lebende Parenchymzellen des Holzes. V. Polowzow[1]) hat darauf hingewiesen, daß Mais- und Erbsensamen auf bestimmten Keimungsstadien eine bedeutende Größe von CO_2/O_2 aufweisen und Alkohol bilden, also gleichzeitig mit der normalen auch die anaerobe Atmung in Gang setzen. Der genannte Forscher glaubte schließen zu dürfen, daß bei langsamem Wachstum und Überschuß an Zuckernahrung alkoholische Gärung in Samenpflanzen bei tadellosem Sauerstoffzutritt als normale Erscheinung allgemein hervortritt. Diese Auffassung ist allerdings nicht ganz richtig: es ergab sich, daß bei den genannten Samen Sauerstoffmangel während der Keimung sich geltend macht[2]), und zwar infolge Anwesenheit der für Sauerstoff wenig durchlässigen derben Samenschale. Sobald diese Schale zerreißt, erfolgt eine starke Sauerstoffaufnahme und der in lebenden Zellen angehäufte Alkohol wird schnell verbrannt. Es ist also ersichtlich, daß in Erbsensamen alkoholische Gärung als ein normaler Keimungsvorgang entsteht, der durch temporär-anaerobiotische Lebensweise hervorgerufen ist. Devaux[3]) hat dargetan, daß im Innern des Holzzylinders der Bäume oft Sauerstoffmangel eintritt und anaerobe Atmung einsetzt. Der genannte Forscher wies nach, daß im Holzparenchym unter Umständen eine Anhäufung von Alkohol stattfindet. Gerber[4]) behauptet, daß alkoholische Gärung bei der Reifung verschiedener fleischiger Früchte niemals ausbleibt und eine große Bedeutung hat für die Bildung der mannigfaltigen esterartigen Stoffe, die als normale Bestandteile der genannten Früchte anzusehen sind. Es ist in der Tat nicht unwahrscheinlich, daß bei der Reifung verschiedener Früchte Sauerstoffmangel sich geltend

---

[1]) Polowzow, V.: Untersuchungen über die Pflanzenatmung. 1901. Russisch.

[2]) Kostytschew, S.: Biochem. Zeitschr. Bd. 15, S. 164. 1908; Physiol. chem. Untersuch. über d. Pflanzenatmung. 1910. Russisch.

[3]) Devaux: Cpt. rend. Tome 128, p. 1346. 1899.

[4]) Gerber: Ann. sc. nat. botan. Tome 4, p. 1. 1896.

macht. Die Ergebnisse von Boysen - Jensen[1]) lassen vermuten, daß bei Weintrauben die Sauerstoffabsorption nur schwach ist. Dies wäre auch leicht erklärlich, da die Traubenschale für Sauerstoff wenig durchlässig ist.

Andererseits sind wir berechtigt, zu behaupten, daß verschiedene Pflanzen und Pflanzenorgane, wie z. B. die Laubblätter der meisten Bäume niemals an Sauerstoffmangel leiden, da sie fortwährend bei ausgezeichneter Aeration leben. Um so beachtenswerter ist der Umstand, daß auch diese Objekte befähigt sind, anaerob zu atmen und Alkohol bei Sauerstoffabschluß zu erzeugen. Bei der Beurteilung der physiologischen Bedeutung der anaeroben Atmung haben verschiedene Forscher die Annahme gemacht, daß der genannte Vorgang eine biologische Anpassung vorstelle. Durch die anaerobe Atmung soll dem momentanen Tode der Pflanzen bei zufälliger Sauerstoffentziehung vorgebeugt werden. Diese Auffassung muß als unzureichend und überwunden abgelehnt werden. Abgesehen davon, daß biologisch-teleologische Betrachtungen in biochemischen Fragen überhaupt unstatthaft sind, ist auch an und für sich die Voraussetzung kaum plausibel, daß ein physiologischer Vorgang nur gelegentlich als eine Vorsichtsmaßregel auftreten könnte. Wissen wir doch, daß anaerobe Atmung allgemein verbreitet ist; es wurde bisher noch keine einzige Pflanze gefunden, die nicht befähigt wäre, CO_2 bei Sauerstoffabschluß zu bilden. Andererseits findet anaerobe Atmung, wie aus vorstehender Darlegung ersichtlich, nur höchst selten unter natürlichen Lebensverhältnissen statt. Auf welche Weise könnte nun ein sehr selten zustande kommender Vorgang als Anpassungserscheinung so allgemeine Verbreitung erlangen? Schließlich ist in Betracht zu ziehen, daß Pflanzen auch ohne CO_2-Bildung nicht augenblicklich absterben; der energetische Wert der anaeroben Atmung erscheint oft als so unbedeutend, daß ihm keine biologische Zweckmäßigkeit zugesprochen werden kann. Es ist in der Tat fraglich, ob der winzige Energiegewinn, der durch anaerobe Atmung geliefert wird, den Tod der Pflanze selbst für kurze Zeit aufhalten kann.

Auf Grund dieser Auseinandersetzungen ist der Schluß zu ziehen, daß die Vorstellung von der anaeroben Atmung als Anpassungserscheinung zur Zeit keine Beachtung verdient. Auch früher war diese

---

[1]) Boysen - Jensen, P.: Biol. Meddelelser af det kgl. danske vidensk. selskab. Bd. 4, S. 1. 1923.

Annahme eine ganz abstrakte. Sie fußte auf keiner experimentellen Grundlage und stand mit einigen schon längst bekannten Tatsachen im Widerspruch.

4. Analytische Methoden zur Bestimmung der anaeroben Atmung.

Die Bestimmung des im Laufe der anaeroben Atmung abgeschiedenen Kohlendioxydes wird durch dieselben Methoden ausgeführt, die vorstehend für die Bestimmung der Sauerstoffatmung beschrieben wurden. Die Pflanzen können entweder im Strome eines inerten Gases belassen oder in geeigneten Rezipienten bei Sauerstoffabschluß luftdicht eingesperrt werden. Im ersteren Falle verwendet man Absorptionsgefäße für CO_2, von denen bereits vorstehend die Rede war; nur hat man dafür zu sorgen, daß die wägbaren Absorptionsgefäße z. B. Kaliapparate keinen Alkoholdampf absorbieren, wodurch bedeutende Analysenfehler entstehen können[1]). Die zu diesem Zwecke notwendigen Kunstgriffe werden bei Beschreibung der Alkoholbestimmung besprochen. Verwendet man verschlossene Gefäße als Pflanzenbehälter, so bestimmt man CO_2 durch Analyse der entnommenen Gasproben. Diese Methode ist namentlich in solchen Versuchen zu empfehlen, wo neben Bestimmungen der anaeroben Atmung auch die Größe von $\dfrac{CO_2}{O_2}$ bei der normalen Atmung ermittelt werden muß.

Es bleiben hier also erstens die Methoden der Sauerstoffentziehung, zweitens aber diejenigen der Alkoholbestimmung zu beschreiben. Will man überhaupt keine quantitative Bestimmungen ausführen, so kann man sich damit begnügen, die Pflanzen in einem geeigneten Rezipienten einzusperren und alsdann den Sauerstoff durch alkalische Pyrogallollösung zu absorbieren. Sehr gut eignen sich dazu gewöhnliche Exsiccatoren. Man gießt in den unteren Teil des Exsiccators konzentrierte Kalilauge ein und stellt in die Lauge ein leicht umzukippendes Gefäß mit konzentrierter Pyrogallollösung. Dann tut man das Pflanzenmaterial hinein, verschließt den Exsiccator gut und kippt das kleine Gefäß mit Pyrogallollösung um. Der Sauerstoff wird

---

[1]) Es ist auch unerläßlich, das inerte Gas aus den Kaliapparaten und Natronkalkröhren vor dem Wägen durch Luft zu verdrängen.

absorbiert und die Pflanzen verbleiben bei anaerobiotischen Lebensverhältnissen. In der Literatur findet man Angaben darüber, daß bei Sauerstoffabsorption durch alkalische Pyrogallollösungen zuweilen etwas Kohlenoxyd entsteht. Dieser Umstand kann jedoch vernachlässigt werden, da Kohlenoxyd für Pflanzen ein inertes Gas darstellt.

Bei quantitativen Bestimmungen der anaeroben Atmungsprodukte muß man die atmosphärische Luft durch ein inertes Gas ersetzen. Arbeitet man im Gasstrome, so wendet man gewöhnlich mit Vorliebe Wasserstoff an, da dieses Gas leicht in großer Menge und genügender Reinheit darzustellen ist. Für dauernde Wasserstoffdurchleitung ist der Apparat von Bardeleben (Abb. 10)

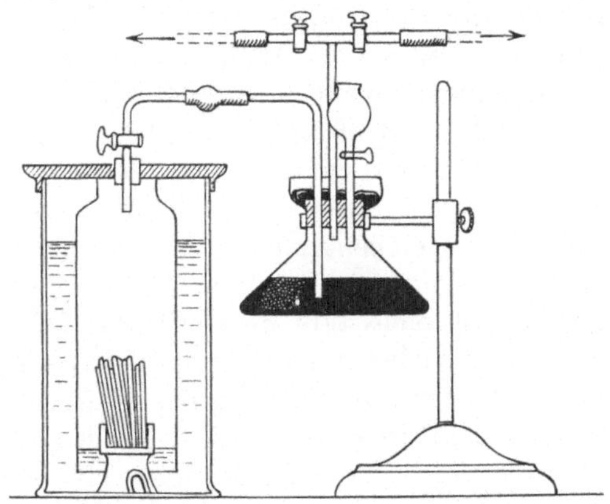

Abb. 10. Apparat von Bardeleben.

empfehlenswerter als der gewöhnliche Kippsche Apparat, da letzterer ohne Unterbrechung der Gasdurchleitung nicht mit frischer Säure gefüllt werden kann und für die Darstellung einer gleichen Gasmenge ein größeres Säurequantum erfordert als der Bardelebensche Apparat. Der letztere besteht aus einem großen Glaszylinder, der mit verdünnter reinster Schwefelsäure gefüllt ist. Man verdünnt die konzentrierte Schwefelsäure mit dem 3fachem Wasservolumen und setzt soviel Kupfersulfat hinzu, daß die Lösung hellblau gefärbt ist. In die Säure taucht eine Glasglocke, die oben mit einem durchbohrten Kautschukstopfen verschlossen ist. In die Bohrung des Stopfens setzt man das Ableitungsrohr mit Glashahn ein. Unter der Glocke steht ein Gefäß, dessen zweckmäßige Form aus der Abbildung zu ersehen ist. Dieses Gefäß versetzt man mit reinstem metallischem Zink in Stäbchen. Die Reinheit des Metalls kontrolliert man auf folgende Weise: Nach Eintauchen der Stäbchen in reine verdünnte Schwefelsäure ohne Kupfersulfat darf nur eine ganz unbedeutende Gasentwicklung stattfinden, die erst nach Zusatz von Kupfersulfat lebhaft wird. Nur so reine Metallstäbchen dürfen für genaue Versuche Verwendung finden, sonst ist eine Vergiftung des Versuchsmaterials nicht ausgeschlossen; dieselbe hat auch in Versuchen verschiedener Forscher wohl in der Tat stattgefunden.

Sind die Reagenzien genügend rein, so braucht man das Gas nur durch alkalische Pyrogallollösung streichen zu lassen. Die Waschflasche ist, wie aus Abb. 10 ersichtlich, durch einen Kautschukstopfen mit drei Bohrungen verschlossen. In der einen Bohrung steckt das unter rechtem Winkel gebogene Zuleitungsrohr, das mit dem Ableitungsrohr des Bardelebenschen Apparates kommuniziert. In die andere Bohrung führt man das mit zwei Glashähnen versetzte T-Rohr ein; auf diese Weise ist man imstande den Gasstrom mindestens durch zwei Pflanzenbehälter und zwei Reihen von Absorptionsgefäßen zu leiten. In der dritten Bohrung befindet sich ein Trichter mit Glashahn; die Erweiterung des Kolbenhalses oberhalb des Stopfens füllt man mit Quecksilber. Man beschickt den Kolben zunächst nur mit konzentrierter Kalilauge und leitet eine Zeitlang Wasserstoff durch, bis der gesamte Sauerstoff aus dem Kolben voraussichtlich verdrängt ist. Dann gießt man durch den Trichter konzentrierte Pyrogallollösung zu, läßt aber eine kleine Menge der Lösung im Trichter oberhalb des Hahnes, damit die Isolierung des Kolbeninhaltes von der äußeren Luft eine sichere ist. Die auf die soeben beschriebene Weise eingeführte Lösung bleibt auch nach monatelanger Arbeit nur schwach bräunlich gefärbt.

Um eine regelmäßige Wasserstoffentwicklung zu sichern, muß man darauf acht geben, daß die Säure nicht allzusehr verdünnt wird durch die Bildung von Zinksulfat. Sobald die Säure in der Glocke zu steigen beginnt, so daß die Zinkstäbchen zum Teil in der Lösung tauchen, muß die untere aus schwerer Zinksulfatlösung bestehende Flüssigkeitsschicht abgehebert und frische Schwefelsäure zugegossen werden. Dies kann man im Laufe der Gasdurchleitung ungezwungen ausführen, ohne den Versuch abzubrechen. Bei richtigem und sauberem Experimentieren muß die Säure selbst bei lebhafter Wasserstoffdurchleitung nur die untersten Enden der Zinkstäbchen berühren. Auf diese Weise kann ein mit hinreichend großer Zinkmenge versetzter Apparat im Verlaufe langer Zeit benutzt werden und sehr große Wasserstoffmengen liefern. Sind im Zink oder in der Säure Spuren von Arsen enthalten, so läßt man das Gas zuerst durch Jodlösung, dann durch konzentrierte Jodkaliumlösung und schließlich durch alkalische Pyrogallollösung streichen.

Man kann auch das Gas einer Bombe entnehmen. Der verdichtete Wasserstoff wird meistens elektrolytisch dargestellt und ist also vollkommen frei von Arsenwasserstoff, dagegen oft sauerstoffhaltig. Bei Anwendung des verdichteten Wasserstoffs muß man den Gasstrom mindestens durch zwei Waschflaschen mit alkalischer Pyrogallollösung leiten, und zwar in Gestalt von einzelnen Blasen. Eine bedeutende Geschwindigkeit des Gasstromes ist also in diesem Falle nicht statthaft.

Obwohl die meisten Untersuchungen über anaerobe Atmung unter Anwendung von Wasserstoff ausgeführt sind, erscheint es als fraglich, ob Wasserstoff in der Tat ein vollkommen inertes Gas vorstellt; wissen wir doch gegenwärtig, daß die meisten Oxydationen und Reduktionen im Pflanzenkörper auf Wasserstoffabspaltung bzw. Wasserstoffbindung zurückzuführen sind. Molekularer Wasserstoff ist zwar wenig reaktionsfähig, Tatsache ist jedoch, daß er für Pflanzen ein durchaus ungewohntes Gasmedium bildet. Daher ist die Anwendung von Stickstoff immer empfehlenswerter und eleganter.

Für dauernde Gasdurchleitung wendet man am besten komprimierten Stickstoff an, den man einer Bombe mit Reduzierventil entnimmt. Man läßt das Gas durch zwei Waschflaschen mit konzentrierter alkalischer Pyrogallollösung streichen, um die geringe Menge des beigemischten Sauerstoffs und Kohlendioxyds zu entfernen. Die Anwesenheit der edlen Gase ist selbstverständlich belanglos. Verfügt man über keinen verdichteten Stickstoff, so stellt man dieses Gas auf folgende Weise dar: man mischt in einem Rundkolben 1 Teil Natriumnitrit, 2 Teile Ammoniumsulfat, 1 Teil K_2CrO_4 und etwa 7 ccm Wasser. Man verschließt den Kolben durch einen Kautschukstopfen mit Ableitungsrohr und erhitzt ihn vorsichtig mit kleiner Flamme. Die Reaktion erfolgt nach der Gleichung:

(I) . . . $(NH_4)_2SO_4 + 2\,NaNO_2 = Na_2SO_4 + 2\,NH_4NO_2$

(II) . . . . $NH_4NO_2 = N_2 + 2\,H_2O.$

Spurenweise findet auch folgende Reaktion statt:

$$3\,HNO_2 = HNO_3 + 2\,NO + H_2O.$$

Das entweichende Gas durchstreicht ein Gefäß mit Natronkalk oder mit erbsengroßen Stücken von KOH, dann entweder eine mit Chromsäuremischung (5 Vol. gesättigter Kaliumbichromatlösung auf 1 Vol. konzentrierter Schwefelsäure) gefüllte Waschflasche, oder ein kurzes Verbrennungsrohr mit reduzierter Kupferspirale (10—15 cm lang), wie sie bei Elementaranalysen gebräuchlich ist. Die Kupferspirale wird durch Erhitzung mit einem geeigneten Brenner im Zustande roten Glühens gehalten. Diese Reinigung des Gases bezweckt die Zerstörung des Stickoxydes.

Die soeben beschriebene Darstellung des Stickstoffs ist ziemlich einfach, und man erhält das Gas in vollkommen reinem Zustande. Auch ist es möglich, durch entsprechende Erwärmung bzw. Kühlung des Kolbens die Geschwindigkeit des Gasstromes zu regulieren. Zur leichteren Regulierung versetzt man das Ableitungsrohr mit einem Seitenansatz, der in Quecksilber taucht und als Sicherheitsventil fungiert. Mit Hilfe dieses Ventils und eines Glashahnes oder Schraubenquetschhahnes ist es möglich, die Geschwindigkeit des Gasstromes vollkommen zu beherrschen. Doch erfordert der Apparat beständige Aufsicht und ist also für dauernde Versuche im Gasstrom nicht empfehlenswert. Am besten verdrängt man die Luft aus den Pflanzenbehältern durch Stickstoff, sperrt die Rezipienten luftdicht ein und arbeitet dann mit Hilfe der gasometrischen Methoden. Wendet man Kolben von Kostytschew (Abb. 8) an, so verfährt man auf folgende Weise: Man verbindet den dickwandigen Gummischlauch d des Kolbens mit dem Rohr h der Gaspipette (Abb. 9) und setzt durch entsprechende Drehung des Dreiweghahnes r das Rohr h mit dem Rohr g in Verbindung. Dabei muß die abgesperrte Kugel l bis zum Hahn r mit Quecksilber gefüllt sein. Das gebogene Ende des Rohres g verbindet man mittels dickwandigen Gummischlauches mit dem Apparat für Stickstoffdarstellung und verdrängt die Luft aus den Röhren g und h und dem Versuchskolben mit reinem Stickstoff. Dann dreht man den Hahn r so um, daß die Kugel r mit dem Rohr g kommuniziert und das Rohr h samt dem Versuchskolben abgesperrt ist. Nun zieht man den Gummischlauch vom Ende des Rohres g ab, füllt dieses Rohr aus der Kugel l mit Quecksilber, taucht das Ende des Rohres in Quecksilber ein und setzt dann die Kugel l mit dem Rohr h und dem Versuchskolben in Verbindung. Man entnimmt dem Kolben eine Gasprobe auf dieselbe Weise, wie es vorstehend für die Versuche über Sauerstoffatmung beschrieben wurde, und überführt diese Gasportion in ein Analysenrohr, welches im oberen Teil etwas bei Sauerstoffabschluß bereitete [1]), also beinahe farblose alkalische Pyrogallollösung enthält. Bleibt die Lösung farblos, so ist die Sauerstoffverdrängung eine vollkommene; färbt sich aber die Lösung braun oder gar schwarzbraun, so ist weitere Stickstoffdurchleitung notwendig. Ist die innere Atmosphäre des Versuchskolbens sauerstofffrei, so kann man den Kolben verschließen und damit den Versuch beginnen. Durch Entnahme der Kontrollportion hat der Gasdruck im Kolben bereits abgenommen und das Quecksilber im Manometerrohr ist gestiegen. Nun setzt man die Kugel 1 mit dem Rohr h in Verbindung und füllt den Gummischlauch d und den äußeren Schenkel des Zuleitungsrohres a am Versuchskolben mit Quecksilber. Sperrt man alsdann den Schraubenquetschhahn am Gummischlauch d, so ist der Kolben mit reinem Stickstoff gefüllt und luftdicht verschlossen. Abb. 8 zeigt in der Tat, daß die innere Atmosphäre des Kolbens von der äußeren Luft lediglich durch Glas und Quecksilber getrennt ist.

Selbstverständlich kann der Kolben auf die soeben beschriebene Weise nicht nur mit Stickstoff, sondern auch mit Wasserstoff oder einem anderen Gase gefüllt werden. Als inerte Gase wendet man allerdings entweder Stickstoff oder Wasserstoff an. Nur Moeller [2]) hat in seinen Versuchen Stickoxydul verwendet. Ausführlichere Angaben darüber findet man in Moellers Originalmitteilung.

Kohlendioxyd wurde in einigen Fällen ebenfalls zur Herstellung einer sauerstofffreien Atmosphäre verwendet. Kohlendioxyd ist kein inertes Gas und kann nur für spezielle Aufgaben von Nutzen sein. Dies ist z. B. der Fall, wenn man nach Ausscheidung von anderen Gasen außer CO_2 bei der anaeroben Atmung fahndet [3]). Die einschlägigen Versuche müssen von kurzer Dauer sein, da sonst das Versuchsmaterial durch Kohlendioxyd beschädigt werden kann. Man leitet am besten einen Strom von

---

[1]) Dies erreicht man auf folgende Weise. In ein mit Quecksilber vollkommen gefülltes Analysenrohr führt man mit Hilfe von zwei Pipetten mit gebogenen Ausflußröhren zuerst ein paar Kubikzentimeter konzentrierte Kalilauge, dann etwas Pyrogallollösung unter dem Quecksilber ein.

[2]) Moeller: Ber. d. botan. Ges. Bd. 2, S. 306. 1884.

[3]) Kostytschew, S.: Ber. d. botan. Ges. Bd. 24, S. 436. 1906; Bd. 25, S. 178. 1907.

Kohlendioxyd durch den Pflanzenbehälter, bis die Luft vollkommen verdrängt ist und sperrt dann den Behälter luftdicht ab. Nach Beendigung des Versuches verdrängt man die Gase aus dem Rezipiente durch einen Strom von Kohlendioxyd in ein mit konzentrierter Kalilauge gefülltes Eudiometer, wo CO_2 absorbiert wird und die übrigen Gase in hoher Konzentration zurückbleiben. Dieser durch Lauge nicht absorbierte Rest kann nun analysiert werden. Es ist leicht begreiflich, daß für derartige Versuche nur ganz reines Kohlendioxyd Verwendung finden kann. Es wird am besten durch Erhitzung von chemisch reinem Natriumbicarbonat in einem Verbrennungsrohr dargestellt. Sehr reines Kohlendioxyd erhält man auch durch Einwirkung einer wäßrigen Lösung von Natriumbisulfat auf eine grob zerkleinerte, aus Natriumcarbonat und Kaliumcarbonat bestehende Schmelze[1]). Durch Anwendung von Marmor und Salzsäure oder Schwefelsäure ist es kaum möglich, vollkommen luftfreies Kohlendioxyd zu erhalten; folgende Kunstgriffe erlauben jedoch die Verunreinigung mit atmosphärischer Luft auf ein Minimum zu reduzieren. Man wendet gut ausgekochten Marmor in erbsengroßen Stückchen und die aus gekochtem Wasser bereitete Salzsäurelösung an. Die mittlere Kugel eines kleinen Kippschen Apparates füllt man ganz voll mit kleinen Marmorstücken und verdrängt dann die Luft aus dem Apparat auf folgende Weise. Durch Öffnen des Hahnes füllt man die mittlere Kugel schnell mit Säurelösung und schließt darauf plötzlich den Hahn zu. Die Flüssigkeit wird dabei durch Kohlendioxyd in die obere Kugel verdrängt. Man wiederholt diese Manipulation drei- bis viermal, wobei man darauf acht gibt, daß die mittlere Kugel jedesmal mit Säure vollkommen gefüllt ist. Danach beginnt man sofort den Versuch. Das Gas ist dabei so luftarm, daß nach Absorption von 100 ccm Kohlendioxyd durch Kalilauge ein mit bloßem Auge kaum sichtbares Luftbläschen zurückbleibt. Für die meisten Untersuchungen ist eine so unbedeutende Luftbeimengung belanglos.

Nur selten wurde zur Herstellung anaerobiotischer Lebensverhältnisse ein luftleerer Raum verwendet. So hat Nabokich[2]) das Versuchsmaterial in einen Vakuumkolben hineingetan und den Kolben mittels einer kräftigen Ölluftpumpe bis auf 0,25 mm

---

[1]) Bornträger, H.: Zeitschr. f. analyt. Chem. Bd. 29, S. 140. 1890.
[2]) Nabokich, A.: Ber. d. botan. Ges. Bd. 19, S. 222. 1901; Bd. 21, S. 398, 467. 1903; Beih. z. Botan. Zentralbl. Bd. 13, S. 272. 1903.

Quecksilberdruck evakuiert. Es muß jedoch darauf hingewiesen werden, daß bei derartiger Methodik das Versuchsmaterial in außergewöhnliche physikalische Verhältnisse gelangt, was möglicherweise auf die Versuchsergebnisse nicht ohne Einfluß bleiben kann.

Ganz unstatthaft wäre es, sich damit zu begnügen, das Versuchsmaterial in Wasser oder verschiedene wäßrige Lösungen einzutauchen. Vorstehend wurde bereits darauf hingewiesen, daß streng aerobe, über kräftig oxydierende Fermente verfügende Pflanzen selbst unter Wasser normal atmen und sich mit Sauerstoff in genügendem Maße versorgen. Auch ist es eine für genaue Versuche durchaus nicht ausreichende Maßregel, das Versuchsmaterial in Wasser oder wäßrige Lösungen einzutauchen und die Wasseroberfläche mit einer Flüssigkeit zu überschichten, in der Sauerstoff unlöslich ist. Es gelingt auf diese Weise nicht, das Versuchsmaterial vom Luftsauerstoff vollkommen zu isolieren. Andererseits ist es empfehlenswert, die bei anaeroben Verhältnissen schnell absterbenden Pflanzen in Wasser oder bestimmte Nährlösungen zu tauchen und erst danach die Luft im Rezipienten durch ein inertes Gas zu ersetzen. Diese Maßnahme mildert die Vergiftung des Versuchsmaterials, da die giftigen Produkte des anaeroben Stoffwechsels in die Lösung herausdiffundieren.

Vorstehend wurde bereits darauf hingewiesen, daß es manchmal von Interesse ist, bei Untersuchungen über anaerobe Atmung quantitative Alkoholbestimmungen auszuführen. Auch ein qualitativer Nachweis von Äthylalkohol ist oft von großer Wichtigkeit. Um einem Alkoholverlust in Versuchen mit Gasdurchleitung vorzubeugen, schaltet man zwischen den Rezipienten und die zur Absorption von Kohlendioxyd bestimmten Apparate eine in schmelzendes Eis versenkte und mit destilliertem Wasser gefüllte Waschflasche ein. Sehr praktisch sind Waschflaschen mit schlangenförmig gewundenem Ableitungsrohr: direkte Bestimmungen ergaben, daß bei Anwendung dieser Flaschen selbst ein minimaler Alkoholverlust ausgeschlossen ist[1]). Nach Beendigung je eines Versuches bringt man das Versuchsmaterial und den Inhalt der Waschflasche in einen geräumigen Destillationskolben, spült den Rezipienten und die Waschflasche mit Wasser nach, gießt noch

---

[1]) Kostytschew, S. und P. Eliasberg: Zeitschr. f. physiol. Chem. Bd. 111, S. 141. 1920.

eine bedeutende Wassermenge hinzu und destilliert so lange, bis etwa die Hälfte der Flüssigkeit in die Vorlage übergangen ist. Ist das Destillat sauer, so rektifiziert man es unter Zusatz von $CaCO_3$, ist dagegen das erste Destillat alkalisch (was nur ausnahmsweise vorkommt), so rektifiziert man es unter Zusatz von Phosphorsäure oder Weinsäure. Erhält man ein trübes Destillat, so stellt man bei der nachfolgenden Destillation den Kolben schief wie bei Destillationen unter Wasserdampfdurchleitung. Auch die Anwendung der Destillationsaufsätze, wie sie bei Stickstoffbestimmungen nach Kjeldahl gebräuchlich sind, leistet gute Dienste. Durch mehrere Destillationen wird das Volumen der Alkohollösung auf etwa 50 ccm gebracht. Diese Lösung muß vollkommen blank sein und neutrale Reaktion aufweisen.

Ist ein qualitativer Alkoholnachweis erwünscht, so konzentriert man durch wiederholte Destillationen die Lösung soweit wie möglich. Als qualitative Vorprüfungen sind folgende zu empfehlen:

1. Das Auftreten von öligen Streifen am Beginn der Destillation im oberen Teil des Kühlers. Nach einiger Übung ist man imstande, nach dem Aussehen dieser Streifen die Anwesenheit des Äthylalkohols sicher zu erkennen [1]). Diese Probe ist jedoch nicht sehr empfindlich. Spuren von Alkohol lassen sich dadurch nicht nachweisen.

2. Die Jodoformreaktion nach A. Muntz [2]). Man versetzt 10 ccm des blanken Destillates mit 2 g Natriumcarbonat und 0,1 g sublimiertem Jod und erwärmt das Gemisch auf dem Wasserbade bei 60° bis zum Auflösen des Jods. Nach dem Erkalten scheiden sich die charakteristischen Jodoformkristalle aus, die man unter dem Mikroskop leicht erkennt. Die Jodoformprobe ist zwar sehr empfindlich, aber nicht ganz zuverlässig; sie liefert ein positives Resultat auch mit verschiedenen anderen Stoffen, unter denen besonders Milchsäure, Acetaldehyd und Aceton Erwähnung verdienen, da sie in Pflanzen vorkommen und mit Wasserdampf auch ins Destillat übergehen.

3. Zuverlässiger ist die Probe von M. Berthelot [3]), die auf der Bildung von Benzoesäureäthylesters beruht. Die Alkohollösung

---

[1]) Pasteur, L.: Cpt. rend. Tome 52, p. 1260. 1861; vgl. auch Hansen, A.: Meddel. frå Carlsberg laborat. Bd. 1, S. 175. 1881.

[2]) Muntz, A.: Ann. de chim. et de physique. Sér. 5. Tome 13, p. 543. 1878.

[3]) Berthelot, M.: Cpt. rend. Tome 73, p. 496. 1871.

muß dabei durch wiederholte Destillationen möglichst konzentriert werden. Diese Lösung schüttelt man mit ein paar Tropfen Benzoylchlorid und einem Überschuß von Kalilauge. Bei Gegenwart von Äthylalkohol entwickelt sich der charakteristische Geruch des Benzoesäureäthylesters. Der Überschuß von Benzoylchlorid muß durch dauerndes Schütteln mit Kalilauge restlos zerstört werden.

4. Durch vorsichtige Oxydation führt man den Äthylalkohol in Acetaldehyd über, mit dem dann verschiedene charakteristische Proben gemacht werden können [1]). Mit fuchsinschwefliger Säure erhält man z. B. kirschrote Färbung, mit Nitroprussidnatrium und Diäthylamin oder Pyridin entsteht eine tiefblaue Färbung, mit einer essigsauren Lösung von p-Nitrophenylhydrazin bildet sich der charakteristische Niederschlag von Acetaldehyd-p-nitrophenylhydrazon (Schmelzpunkt 125°).

Die zuverlässigsten Alkoholproben sind freilich diejenigen, wo Äthylalkohol in charakteristische Derivate übergeht, die dann bequem analysiert werden können. So sind z. B. die nachstehenden Methoden der Identifizierung von Äthylalkohol empfehlenswert. Es muß darauf aufmerksam gemacht werden, daß alle diese Reaktionen am besten mit isoliertem, durch Pottasche entwässertem Alkohol auszuführen sind. Ist die Alkoholmenge für die Isolierung ungenügend, so muß die Lösung zum mindesten möglichst konzentriert sein.

I. Bildung von Äthylen [2]). Durch vorsichtiges Erhitzen mit konzentrierter Schwefelsäure in einer aus CO_2 bestehenden Atmosphäre wird Äthylalkohol in Äthylen verwandelt. Das Äthylen wird durch einen CO_2-Strom in ein mit konzentrierter Kalilauge gefülltes Analysenrohr übertrieben und dann der C-Gehalt des Gases gasanalytisch ermittelt. Zu diesem Zwecke ist der Apparat von Polowzow-Richter (s. o.) mit seiner Explosionspipette vorzüglich geeignet.

II. Bildung von p-Nitrobenzoesäureäthylester [3]). Der Alkohol wird mit p-Nitrobenzoylchlorid in alkalischer Lösung geschüttelt und der erhaltene Ester zuerst aus Gasolin, dann aus Benzol umkrystallisiert. Schmelzpunkt 57°. Im erhaltenen reinen Produkte bestimmt man den Stickstoff nach Dumas.

---

[1]) Denigès, G.: Bull. de la soc. de chim.-biol. (4). Tome 7, p. 951. 1910.

[2]) Berthelot, M.: Cpt. rend. Tome 128, p. 1366. 1899.

[3]) Buchner, E. und J. Meisenheimer: Ber. d. Dtsch. Chem. Ges. Bd. 38, S. 624. 1905.

III. **Bildung von Acetaldehyd-p-Nitrophenyl-hydrazon.** Der Alkohol wird zu Acetaldehyd oxydiert[1]) und letzterer in der Kälte mit einer essigsauren Lösung von p-Nitrophenylhydrazin gefällt. Der gelbe Niederschlag wird aus $50\,^{0}/_{0}$igem Alkohol umkrystallisiert und der Stickstoffgehalt des erhaltenen Produktes nach Dumas ermittelt. Da Acetaldehyd nicht nur aus Äthylalkohol, sondern auch aus einigen anderen Stoffen durch Oxydation entsteht, so sind die beiden vorstehend beschriebenen Methoden I und II der Identifizierung immer vorzuziehen.

Von den quantitativen Alkoholbestimmungen sind bei Untersuchungen über anaerobe Atmung folgende Methoden zu empfehlen:

I. Physikalische Methoden. 1. Pyknometrische Bestimmung. Man fängt das letzte Destillat in einem gewogenen Kölbchen auf und ermittelt durch eine zweite Wägung das Gewicht der gesamten Alkohollösung. Alsdann bestimmt man das spezifische Gewicht des Destillates und berechnet hieraus nach den vorhandenen Tabellen den prozentischen Gehalt des Äthylalkohols. Durch einfache Umrechnung erhält man auch die absolute Alkoholmenge.

2. Kryoskopische Bestimmung[2]). Dieselbe ist zuverlässiger und weniger umständlich, als die pyknometrische Bestimmung. Man ermittelt den Gefrierpunkt der alkoholischen Lösung, woraus sich durch einfache Berechnung der Alkoholgehalt ergibt. In Betreff der Einzelheiten sei auf die Originalmitteilung Gaunts verwiesen. Für die Bestimmung der Gefrierpunktserniedrigung dient der bekannte Beckmannsche Apparat zur Ermittlung des Molekulargewichtes.

3. Stalagmometrische Bestimmung. Auch diese Methode soll sehr praktisch sein. Sie gründet sich darauf, daß Alkohol die Oberflächenspannung des Wassers stark erniedrigt. Die Methode wird vom Verfasser dieser Zeilen ausgearbeitet und die einschlägigen Untersuchungen sind nicht abgeschlossen.

II. Chemische Methoden. 1. Oxydation mit Bichromat und Schwefelsäure nach Nicloux[3]). Diese Methode ist namentlich zur Bestimmung geringer Alkoholmengen sehr gut

---

[1]) Denigès, G.: a. a. O.

[2]) Gaunt, R.: Zeitschr. f. analyt. Chem. Bd. 44, S. 106. 1905.

[3]) Nicloux, M.: Bull. de la soc. de chim.-biol. (3). Tome 35, p. 330. 1906.

geeignet, daher für Untersuchungen über anaerobe Atmung besonders zu empfehlen. Die Oxydation des Alkohols erfolgt nach der Gleichung:

$$2\,K_2Cr_2O_7 + 8\,H_2SO_4 + 3\,CH_3 \cdot CH_2OH = 2\,K_2SO_4 + 2\,Cr(SO_4)_3 + 3\,CH_3 \cdot COOH + 11\,H_2O.$$

Äthylalkohol wird also zu Essigsäure oxydiert; aus der Menge des verbrauchten Sauerstoffs läßt sich die Alkoholmenge berechnen.

In ein Reagenszrohr aus Jenenser Glas bringt man 5 ccm der zu untersuchenden Lösung, die höchstens $0,2\,\%$ Alkohol enthalten darf (durch Vorversuche ermittelt man die notwendige Verdünnung des Destillates, falls eine solche sich als notwendig erweist). Aus einer Bürette fügt man dazu ein paar Tropfen Kaliumbichromatlösung (9,5 g im Liter) und darauf 5—6 ccm konzentrierte Schwefelsäure. Ist die Flüssigkeit alkoholhaltig, so färbt sie sich blaugrün infolge Bildung von Chromsulfat. Man läßt nun aus der Bürette Bichromatlösung nachfließen, wobei man umschüttelt und zu schwachem Kochen erhitzt, bis die Farbe von Blaugrün in Gelbgrün umschlägt. Man notiert dann die Menge der verbrauchten Kubikzentimeter Bichromatlösung. Der Farbenumschlag beruht darauf, daß Kaliumbichromat infolge Erschöpfung des Alkohols nicht zerlegt wird und die Lösung gelblich färbt. Die Titration wird dadurch erleichtert, daß man ein paar Vergleichsröhrchen bereitet und die Färbung der zu untersuchenden Flüssigkeit nach dem Umschlag in Gelbgrün mit der Farbentönung dieser Röhrchen vergleicht. Der Alkoholgehalt in Prozenten entspricht der Hälfte der Menge der verbrauchten Kubikzentimeter Kaliumbichromat und die ganze Analyse dauert nur wenige Minuten. Ist also n die Zahl der verbrauchten Kubikzentimeter Bichromat, so ist der Alkohol in Kubikzentimetern pro 100 ccm der untersuchten Lösung 0,05 n. Die Berechnung der Gewichtsprozente erfolgt auf Grund des spezifischen Gewichtes des Alkohols.

2. Oxydation mit Permanganat in alkalischer Lösung[1]). Diese Alkoholbestimmung gründet sich auf folgende Reaktion:

$$12\,KMnO_4 + 12\,KOH + CH_3 \cdot CH_2OH = 12\,K_2MnO_4 + 9\,H_2O + 2\,CO_2.$$

Alkohol wird also zu Kohlendioxyd und Wasser verbrannt.

---

[1]) Barendrecht, H. P.: Zeitschr. f. analyt. Chem. Bd. 52, S. 167. 1913.

Man bereitet folgende Lösungen zu:

a) Eine Lösung von 39 g $KMnO_4$ in 4 l Wasser.

b) Eine Lösung von 80 g Oxalsäure in 4 l Wasser.

c) Eine Lösung von 150 g NaOH in 1 l Wasser.

d) Eine Lösung von 2 Volumen konzentrierter Schwefelsäure in 5 Volumen destilliertem Wasser.

e) Eine Lösung von 3,182 g reinstem Kaliumpermanganat (Kahlbaumsches Präparat „Zur Analyse mit Garantieschein", oder gewöhnliches Präparat zweimal umkrystallisiert) in 1 l Wasser. 1 ccm dieser Lösung liefert 0,8 mg Sauerstoff.

Der Alkoholgehalt der zu untersuchenden Lösung darf $0,2\%$ nicht übersteigen. Die Alkoholbestimmung führt man auf folgende Weise aus: In einen 700 ccm fassenden Kolben bringt man 100 ccm der Lösung a und 40 ccm Lösung c hinein. Man erhitzt das Gemisch zu wallendem Sieden und gießt dann genau 5 ccm Alkohollösung hinzu. Man kocht noch 1 Minute und bringt dann in die heiße Flüssigkeit 100 ccm Lösung b und 40 ccm Lösung d, was sofort eine Entfärbung der Flüssigkeit herbeiführt. Man titriert das Gemisch mit der Lösung e und notiert die Menge A der verbrauchten Kubikzentimeter der Permanganatlösung.

Nun wiederholt man die ganze Operation unter Ersatz der Alkohollösung durch $0,4\%$ige Zuckerlösung. 5 ccm dieser Lösung müssen theoretisch 28,05 ccm Lösung e verbrauchen. Praktisch wird aber eine größere Permanganatmenge B verbraucht, infolge Zerlegung des Kaliumpermanganats a beim Kochen mit Natronlauge. Die Zuckeroxydation bezweckt namentlich die Ermittlung der Korrektion B — 28,05, die auch bei der Alkoholbestimmung zu berücksichtigen ist. Die gesuchte Alkoholmenge ist A — (B — 28,05) · 0,384 mg. Es ist einleuchtend, daß die Kontrollanalyse nur einmal für die gegebenen Lösungen ausgeführt zu werden braucht.

Sowohl die physikalischen als chemischen Methoden der Alkoholbestimmung beruhen auf der Voraussetzung, daß im Destillat nur reiner Äthylalkohol enthalten ist. Durch die Destillation entfernt man aus saurer bzw. alkalischer Lösung in der Tat sowohl basische als saure flüchtige Pflanzenstoffe, die ins erste Destillat übergehen könnten. Außerdem entsteht zuweilen bei der anaeroben Atmung Acetaldehyd[1]), der wohl als eine Vorstufe des Alkohols

---

[1]) Vgl. z. B. Kostytschew, S., Hübbenet, E. und A. Scheloumoff: Zeitschr. f. physiol. Chem. Bd. 83, S. 105. 1913.

anzusehen ist. Die Aldehydmengen sind zwar meistens unbedeutend, doch befinden sich die durch Gegenwart des Acetaldehyds verursachten Ungenauigkeiten oft außerhalb der Fehlergrenzen der analytischen Methoden.

Kostytschew hat gefunden, daß eine Abtrennung von Acetaldehyd unbedingt geboten ist, wenn der Aldehydgehalt mindestens 0,05 des Alkoholgehaltes ausmacht. Die Abtrennung von Acetaldehyd wird nach Kostytschew[1]) auf folgende Weise ausgeführt. 50 ccm einer verdünnten Alkohollösung (wie sie für quantitative Bestimmungen nach Nicloux oder nach Barendrecht verwendet wird) läßt man unter Zusatz von etwa 10 ccm konzentrierter $NaHSO_3$-Lösung 15 bis 20 Minuten ruhig stehen, dann destilliert man das Gemenge bei etwa 15 mm Druck und 30 bis 35° auf dem Wasserbade. Dabei wendet man einen möglichst langen Kühler an und kühlt die Vorlage mit Eis. Der Vorstoß des Kühlers muß innerhalb des gekühlten Teiles der Vorlage bleiben. Bei Nichtbeachtung dieser Vorsichtsmaßregel sind kleine Alkoholverluste nicht immer ausgeschlossen. Um die Gummischläuche zu schonen, versetzt man die Vorlage von vornherein mit einer geringen Menge Natronlauge, da bei der Destillation etwas SO_2 entweicht. Die Destillation kann unterbrochen werden, nachdem etwa 20 ccm Destillat in die Vorlage übergegangen ist. Man versetzt das Destillat mit etwa 40 ccm destillierten Wassers, vergewissert sich davon, daß die Flüssigkeit alkalische Reaktion aufweist (ist es nicht der Fall, so setzt man wiederum Natronlauge hinzu) und rektifiziert bei gewöhnlichem Druck, wobei man als Vorlage einen Meßkolben von 50 ccm Inhalt verwendet, den man nach beendigter Destillation mit destilliertem Wasser zur Marke auffüllt. Zahlreiche Kontrollanalysen ergaben, daß bei der soeben beschriebenen Reinigung gar kein Alkoholverlust stattfindet und die Abtrennung des Aldehyds eine vollkommene ist. Das letzte Destillat kann ohne weiteres zur Alkoholbestimmung nach Nicloux verwendet werden.

---

[1]) Kostytschew, S.: Bull. de l'acad. des sciences de Petersbourg. Jg. 1915, S. 327; Biochem. Zeitschr. Bd. 64, S. 237. 1914.

III. Der Zusammenhang der Sauerstoffatmung mit der anaeroben Atmung.

1. Übersicht der älteren Arbeiten.

Einer Besprechung der chemischen Vorgänge bei der Pflanzenatmung muß eine Auseinandersetzung über die aeroben und anaeroben respiratorischen Stoffumwandlungen vorangehen. Alle zusammenhängenden Theorien der Pflanzenatmung gehen von der Annahme aus, daß die anaerobe Atmung eine Vorstufe der Sauerstoffatmung bildet. Diese gegenwärtig durch zahlrciche Tatsachen begründete Theorie hat eine lehrreiche Evolution durchgemacht.

Pasteur[1]), der Begründer der Lehre von der anaeroben Atmung, begnügte sich mit der Feststellung der Tatsache, daß eine alkoholische Gärung verschiedenen niederen Pilzen und Samenpflanzen eigen ist. Der genannte Forscher befaßte sich mit Gärungsfragen und hat die anaerobe Atmung nur vom Standpunkte seiner Gärungstheorie aus behandelt. Die normale Sauerstoffatmung interessierte ihn nicht.

Bald darauf hat aber Pflüger[2]) festgestellt, daß auch bei einigen Tieren CO_2-Abscheidung bei Sauertoffabschluß fortbesteht. Diese CO_2-Bildung hat Pflüger als intramolekulare Atmung bezeichnet. Die intramolekulare Atmung ist Pflügers Ansicht nach keine abnorme oder pathologische Erscheinung; sie bildet vielmehr eine notwendige Vorstufe der normalen Sauerstoffatmung. Letztere besteht nach Pflüger aus zwei Reaktionsreihen: Zuerst entstehen aus dem vorrätigen Atmungsmaterial leicht zu oxydierende Stoffe, wobei CO_2 abgeschieden wird. Alle diese Vorgänge kommen Pflügers Meinung nach ohne Eingreifen des Luftsauerstoffs zustande und dauern auch in einem sauerstofffreien Medium fort. Die zweite Phase der Atmung besteht nach Pflüger darin, daß die „intramolekulär" gebildeten labilen Stoffe durch Luftsauerstoff zu CO_2 und Wasser total verbrannt werden.

Diese Auffassung bildet die Grundlage aller modernen Theorien des Zusammenhanges der anaeroben mit der normalen Atmung.

---

[1]) Pasteur, L.: Cpt. rend. Tome 75, p. 784. 1872; Études sur la bière. 1876.

[2]) Pflüger: Pflügers Arch. f. d. ges. Physiol. Bd. 10, S. 251. 1875.

Merkwürdig ist jedoch der Umstand, daß die von Pflüger experimentell festgestellten Tatsachen ebensowenig zur Bestätigung seiner Theorie dienen können, wie die Bilanz der alkoholischen Hefegärung zur Bekräftigung des Lavoisierschen Gesetzes von der Erhaltung des Stoffes (wie bekannt, hat Lavoisier u. a. namentlich die Zuckervergärung durch Hefe zur Erläuterung seines Gesetzes herangezogen). Die „anaerobe Atmung" der Tiere ist allem Anschein nach nicht der alkoholischen, sondern der Milchsäuregärung ähnlich; die erste Phase der Sauerstoffatmung verläuft also im Tierkörper bei Sauerstoffabschluß ohne CO_2-Bildung. Die von Pflüger beobachtete CO_2-Produktion ist wohl keine allgemein verbreitete Erscheinung und hat mit der ersten Phase der Atmung nichts zu tun. Andererseits waren Pasteurs Untersuchungen Pflüger nicht bekannt, als er seine Mitteilung veröffentlichte, sonst hätte er vielleicht seine Annahme von der Bildung hypothetischer „labiler" Stoffe zurückgezogen, da Äthylalkohol weniger labil und oxydationsfähig ist als Zucker, aus dem er hervorgegangen ist; durch Alkoholbildung wird also die Zuckeroxydation entgegen der Annahme Pflügers nicht beschleunigt. Doch war Pflügers Ideengang höchst fruchtbar und merkwürdigerweise, allem Anschein nach, im Grunde richtig. Dies ist eine neue Illustration der Rolle des Zufalls bei wissenschaftlichen Entdeckungen.

Es ist also einleuchtend, daß weder Pasteur noch Pflüger die anaerobe Atmung als eine abnorme pathologische Erscheinung auffaßten. Anders verhielten sich Nägeli[1]), Brefeld[2]) und Sachs[3]). In seinem so schnell überwundenen Buch „Theorie der Gärung" äußert sich Nägeli über die Pasteursche Entdeckung der anaeroben Atmung folgendermaßen: „Hier ist es aber wirklich eine abnormale Erscheinung, da sie der Zelle im gesunden und lebenskräftigen Zustande mangelt und erst eintritt, wenn derselben die Nährstoffe (?!), namentlich der Sauerstoff entzogen werden"[4]).

---

[1]) Nägeli, C.: Theorie der Gärung. 1879. S. 117.

[2]) Brefeld, O.: Landwirtschaftl. Jahrb. Bd. 5, S. 281. 1876.

[3]) Sachs, J.: Vorlesungen über Pflanzenphysiologie. 1882. S. 486—487.

[4]) Nägeli glaubte, daß Sauerstoffzutritt die Gärung nur befördert. Wie sich Nägeli vor jeder Anerkennung der Anaerobiose sträubte, ist ersichtlich aus folgenden Worten, mit denen er zur Entdeckung der Buttersäuregärung Stellung nahm. Die genannte Entdeckung Pasteurs beruht Nägelis Meinung nach „auf unrichtiger Beurteilung mangelhafter Beobachtungen". Vgl. Theorie der Gärung. 1879. S. 71.

Brefeld und Sachs haben sich dieser Meinung angeschlossen. So schreibt z. B. Sachs folgende unzweideutige Worte: „Ich ziehe den Schluß, zu welchem Nägeli und Borodin schon auf andere Weise gelangt sind, daß die Alkoholbildung bei Sauerstoffabschluß ein durchaus abnormer Vorgang ist, der mit der gewöhnlichen Atmung nichts zu tun hat." Gegen alle diese Auffassungen sprechen bereits die vorstehend erwähnten Untersuchungen von Muntz. Die im Kapitel II zitierten Versuche von Amm, Chudiakow, Palladin und Morkowin lassen keinen Zweifel darüber bestehen, daß von der anaeroben Atmung im Sinne einer abnormen prämortalen Erscheinung nicht mehr die Rede sein kann.

Das Verdienst, Pflügers Theorie des Zusammenhanges der anaeroben mit der normalen Atmung ins Gebiet der Pflanzenphysiologie übertragen zu haben, gebührt Pfeffer[1]). Da nun diesem Forscher die Untersuchungen von Pasteur, Lechartier und Bellamy, Muntz, de Luca und Brefeld bekannt waren, so mußte er den Umstand berücksichtigen, daß bei der anaeroben Atmung der Pflanzen Alkohol entsteht. Pfeffer glaubte den Zusammenhang der anaeroben mit der normalen Atmung auf folgende einfache Weise präzisieren zu dürfen. Bei der alkoholischen Gärung wird laut Gleichung

$$C_6H_{12}O_6 = 2\,CO_2 + 2\,CH_3 \cdot CH_2OH$$

nur ein Drittel des im Zuckermolekül enthaltenen Kohlenstoffs in Form von Kohlendioxyd abgeschieden. Auf Grund dieser Berechnung nahm Pfeffer an, daß $1/3$ des im Vorgange der Sauerstoffatmung gebildeten Kohlendioxydes auf anaerobe Stoffumwandlungen, d. i. auf alkoholische Gärung zurückzuführen sei, die übrigen $2/3$ der Gesamtmenge des Kohlendioxyds seien aber durch Alkoholoxydation entstanden. In dieser Mitteilung Pfeffers sind nur theoretische Betrachtungen, aber keine experimentellen Ergebnisse dargelegt. Es war zu jener Zeit nicht bekannt, ob die anaerobe Atmung mit der alkoholischen Gärung in der Tat identisch ist und ob das Verhältnis I/N die von der Pfefferschen Theorie verlangte Größe $1/3$ hat.

Als nun Wortmann[2]) das Verhältnis I/N bei keimenden Samen von Vicia Faba im Torricellischen Vakuum bestimmte,

---

[1]) Pfeffer, W.: Landwirtschaftl. Jahrb. Bd. 7, S. 805. 1878.
[2]) Wortmann, J.: Arb. d. Dtsch. botan. Inst. Würzburg. Bd. 2, S. 500. 1880.

fand er, daß bei diesem Objekte I/N gleich 1 ist [1]). Auf Grund dieser Beobachtung nahm Wortmann an, daß die Gesamtmenge des Kohlendioxydes bei der Sauerstoffatmung durch den Vorgang der alkoholischen Gärung geliefert werde. Die Sauerstoffaufnahme dient Wortmanns Meinung nach nur dazu, den entstandenen Alkohol unter Anteilnahme an synthetischen Vorgängen in Zucker zu verwandeln. Der gesamte Vorgang der Sauerstoffatmung besteht nach Wortmann aus folgenden Phasen:

(I) . . . . . . $3 C_6H_{12}O_6 = 6 C_2H_5OH + 6 CO_2$ (CO_2-Ausscheidung)

(II) . . . $6 C_2H_5OH + 6 O_2 = 2 C_6H_{12}O_6 + 6 H_2O$ (Sauerstoffabsorption).

Durch Summierung der beiden Vorgänge ergibt sich folgende Gleichung, die den respiratorischen Vorgang in toto darstellt.

(III) . . . . . . $C_6H_{12}O_6 + 6 O_2 = 6 CO_2 + 6 H_2O$.

Es ist also ersichtlich, daß sowohl Pfeffer als Wortmann den Äthylalkohol als ein intermediäres Produkt der Sauerstoffatmung betrachteten.

Erst nachdem die soeben erwähnten schematischen Darstellungen von Pfeffer und Wortmann veröffentlicht wurden, schritt man zu deren experimenteller Nachprüfung. Die in Pfeffers Laboratorium ausgeführte Arbeit von Wilson[2]), die bereits vorstehend besprochen wurde, ergab, daß die Größe von I/N entgegen der Annahme Pfeffers und Wortmanns bei verschiedenen Pflanzen innerhalb weiter Grenzen schwankt. Die Resultate Wilsons wurden von Moeller[3]) bestätigt, und der letztgenannte Forscher zieht aus seinen Versuchen den Schluß, daß zwischen anaerober und normaler Atmung kein Zusammenhang besteht.

Borodin[4]) suchte den Zusammenhang der anaeroben mit der normalen Atmung auf folgende Weise nachzuprüfen. Wenn wir mit Pflüger annehmen, daß bei Sauerstoffabschluß labile, leicht oxydable Stoffe entstehen, so ist nach zeitweiliger Anaerobiose ein Aufschwung der CO_2-Produktion bei Sauerstoffzutritt zu erwarten, da die bei Sauerstoffabschluß in beträchtlicher Menge gebildeten intermediären Produkte bei erneuertem Sauerstoffzutritt

---

[1]) Die Versuchsmethodik Wortmanns gestattete eigentlich nur den Vergleich der bei Sauerstoffabschluß abgeschiedenen CO_2-Menge mit der bei Sauerstoffzutritt aufgenommenen Sauerstoffmenge.

[2]) Wilson: Flora. Bd. 65, S. 93. 1882.

[3]) Moeller: Ber. d. botan. Ges. Bd. 2, S. 306. 1884.

[4]) Borodin, J.: Botan. Zeitg. 1881. S. 127.

stürmisch verbrennen sollten. Der Verfasser hat nur einen Versuch mit einem Fliederzweig ausgeführt und keine Steigerung der CO_2-Produktion nach Verweilen im sauerstofffreien Raume wahrgenommen. Daß aber ein derartiger Aufschwung der Atmungsenergie in der Tat oft stattfindet, wird aus nachfolgendem ersichtlich werden.

Godlewski[1]) hat sich dahin geäußert, daß Sauerstoffabsorption und CO_2-Abgabe bei der Sauerstoffatmung einen einheitlichen Vorgang bilden und keine Vorstufe der eigentlichen Atmung erheischen. Reinke[2]) schließt sich dieser Meinung vollkommen an und nimmt an, daß Atmungsmaterial durch Eingreifen kräftiger Katalysatoren, die den Luftsauerstoff aktivieren, direkt zu CO_2 und H_2O verbrannt wird.

Es ist also ersichtlich, daß die Theorie des Zusammenhanges der anaeroben mit der normalen Atmung bei den Pflanzenphysiologen wenig Anklang fand. Nur Pfeffer und Wortmann haben sich zugunsten dieser Theorie ausgesprochen, doch erwiesen sich ihre schematischen Darstellungen als nicht stichhaltig. Als nun Diakonow mit seinen eleganten experimentellen Untersuchungen auftrat, war das Schicksal der „Theorie des Zusammenhanges" für längere Zeit hin entschieden. Die Ergebnisse Diakonows sind mit der Annahme eines Zusammenhanges der anaeroben mit der normalen Atmung aus folgendem Grunde unvereinbar: Ist die anaerobe Atmung eine Vorstufe der normalen, so muß sie bei allen Ernährungsverhältnissen zustandekommen, bei denen normale Atmung ungehindert verläuft. Ist es nicht der Fall, so erweist sich die Schlußfolgerung als naheliegend, daß die normale Atmung ohne Anteilnahme der bei Sauerstoffabschluß nur unter bestimmten Verhältnissen möglichen Stoffumwandlungen stattfinden kann. Diakonow suchte in der Tat nachzuweisen, daß normale Sauerstoffatmung unter solchen Verhältnissen besteht, bei denen anaerobe Atmung ausgeschlossen ist.

Die interessantesten Versuche Diakonows[3]) wurden mit reinen Kulturen der Schimmelpilze Penicillium glaucum, Aspergillus niger und Rhizopus nigricans ausgeführt. Die Versuchsmethodik bestand darin, daß die Schimmelpilze auf

---

[1]) Godlewski, E.: Jahrb. f. wiss. Botanik. Bd. 13, S. 524. 1882.
[2]) Reinke, J.: Botan. Zeitg. 1883. S. 65.
[3]) Diakonow, N.: Arch. slaves de biol. Tome 1, p. 531. 1886; Tome 4, p. 31 u. 121. 1887; Ber. d. botan. Ges. Bd. 4, S. 1. 1886.

verschiedenen organischen Stoffen als Kohlenstoffquellen gezogen
wurden. Nachdem sich zusammenhängende Pilzdecken entwickelt haben, erfolgte eine quantitative Bestimmung der Atmung
dieser Pilzdecken zuerst im Luftstrome, dann im Wasserstoffstrome, schließlich wiederum im Luftstrome. Mit großer Schärfe
ergab sich folgendes Resultat: Die Pilze bilden nur bei Zuckerernährung CO_2 im Wasserstoffstrome; auf Nichtzuckerstoffen wurde
keine Spur CO_2 abgeschieden und die Pilzdecken starben nach
wenigen Stunden der Anaerobiose. Auf Grund dieser Resultate
zieht der genannte Verfasser den Schluß, daß anaerobe Atmung
der Schimmelpilze nichts anderes sei als alkoholische Gärung, die
nur in Gegenwart von Zucker stattfinden kann. Da nun normale
Sauerstoffatmung auch bei Abwesenheit von Zucker mit großer
Intensität verläuft, so nimmt Diakonow an, daß die anaerobe
Atmung einen vollkommen selbständigen Vorgang darstellt, der
mit der Sauerstoffatmung in keinem Zusammenhange stehe und
als eine biologische Anpassung anzusehen sei. Die Rolle der
anaeroben Atmung besteht nach Diakonow darin, daß sie dem
Organismus eine geringe Energiemenge liefert, die gerade dazu
ausreicht, bei eventueller Anaerobiose sein Leben auf kurze Zeit
zu unterhalten. Vorstehend wurde bereits darauf hingewiesen,
daß letztere Erklärung durchaus abzulehnen ist; von einer biologischen Anpassung kann im vorliegenden Falle nicht die Rede sein.

In einer anderen Arbeit suchte Diakonow[1]) dieselben Resultate mit Samenpflanzen zu erhalten. Er hat gefunden, daß Samen
von Vicia Faba und Pisum sativum, die eine bedeutende
Menge der vorrätigen Kohlenhydrate enthalten, bei Sauerstoff-
gegenwart reichlich CO_2 bilden, indes die nur über geringe Kohlen-
hydratmengen verfügenden Samen von Ricinus communis
eine ganz schwache anaerobe Atmung zum Vorschein bringen.
Außerdem weist Diakonow darauf hin, daß die Samen von
Vicia Faba bei Sauerstoffabschluß größere CO_2-Mengen bilden
als bei Sauerstoffzutritt. Dieses Resultat steht, Diakonows
Meinung nach, zu der Pflüger-Pfefferschen Theorie im direkten
Widerspruche.

Die von Diakonow mit Samenpflanzen erhaltenen Resultate
hat Palladin[2]) mit größerer Schärfe bestätigt. Es gelang

---

1) Diakonow, N.: Arch. slaves de biol. Tome 3, p. 6. 1887; Ber. d. botan.
Ges. Bd. 4, S. 411. 1886.

2) Palladin, W.: Rev. gén. de botan. Tome 6, p. 201. 1894.

Palladin, etiolierte und grüne Blätter verschiedener Pflanzen mit Lösungen organischer Stoffe zu ernähren. Zuckerarme etiolierte Bohnenblätter bildeten in Palladins Versuchen nur unbedeutende CO_2-Menge bei Sauerstoffabschluß. Nach Ernährung mit Zucker hat die Energie der anaeroben Atmung von diesen Blättern ganz erheblich zugenommen. Auf Grund dieser Resultate schließt sich Palladin den Ansichten Diakonows an, um so mehr als jener bereits früher auch die andere von Diakonow hervorgehobene Tatsache außer Zweifel gestellt hatte[1]): bei einigen Pflanzen ist $I/N > 1$. Ein anderes Resultat seiner Versuche hat Palladin allerdings zu jener Zeit nicht gebührend beachtet: die Zuckerernährung steigerte nicht nur die anaerobe, sondern auch im selben Maße die normale Atmung der Blätter: die Größe von I/N blieb unter allen Verhältnissen konstant.

Obige Resultate von Diakonow waren ausschlaggebend. Auch Pfeffer selbst hat seine Ansichten nach dem Erscheinen der Diakonowschen Arbeiten verändert. In seiner zweiten Mitteilung[2]) über anaerobe Atmung berücksichtigt er die Diakonowschen Resultate, die, obwohl noch nicht veröffentlicht, ihm bereits bekannt waren, da die Diakonowsche Arbeit in seinem Laboratorium ausgeführt war. Pfeffer hat nunmehr seine früher ausgesprochenen Ansichten aufgegeben und spricht vom Zusammenhange der anaeroben mit der normalen Atmung sehr unbestimmt und zweideutig. Seinen neuen Standpunkt äußert Pfeffer mit folgenden Worten: „Dieselben primären Ursachen, welche in der normalen Atmung den oxydierenden Eingriff des Sauerstoffs veranlassen, machen bei Abwesenheit des freien Sauerstoffs fortgesetzt Sauerstoffaffinitäten geltend und bewirken hierdurch Umlagerungen, welche zuvor ganz oder teilweise nicht zustande kamen, Umlagerungen, aus welchen Kohlensäure sowie die anderen Produkte der intramolekularen Atmung hervorgehen". Dies ist eigentlich eine milde Art, die Theorie des Zusammenhanges gänzlich aufzugeben. Es ist in der Tat zu beachten, daß Pfeffers Lage eine sehr schwierige war: sind doch gerade in seinem Laboratorium die mit seiner Theorie im direkten Widerspruch stehenden Untersuchungen von Wilson und Diakonow ausgeführt worden.

---

[1]) Palladin, W.: Bull. de la soc. des natural de Moscou. Tome 62, p. 44. 1886. Russisch.

[2]) Pfeffer, W.: Untersuch. aus d. botan. Inst. Tübingen. Bd. 1, S. 105. 1885.

In der zweiten Ausgabe seines Lehrbuches behandelt Pfeffer die ganze Frage der anaeroben Atmung denn auch nach den Resultaten und Schlußfolgerungen Diakonows[1]).

2. Übersicht der neueren Arbeiten.

Es ist also ersichtlich, daß am Ende des 19. Jahrhunderts die Theorie des Zusammenhanges der anaeroben mit der normalen Atmung als überwunden galt. Die Ansichten der Gegner dieser Theorie, namentlich von Diakonow, Godlewski und Palladin, waren zu dieser Zeit vorherrschend. So suchte Chudiakow[2]) nachzuweisen, daß nicht nur Schimmelpilze, sondern auch Hefe nur auf Zuckerlösungen CO_2 bei Sauerstoffabschluß erzeugt. Polowzow[3]) schließt sich ebenfalls den Ansichten Diakonows an und nimmt an, daß die anaerobe Atmung einen selbständigen Vorgang darstellt, der mit der Sauerstoffatmung in keinem genetischen Zusammenhange steht, doch als keine abnorme Erscheinung anzusehen ist, da dieselbe auch bei ungehindertem Sauerstoffzutritt gleichzeitig mit der normalen Atmung stattfindet, und zwar bei gehemmtem Wachstum hervortritt. Zu der Zeit, wo Polowzow diese Hypothese aufstellte, waren bereits wichtige Tatsachen zugunsten des Zusammenhanges der anaeroben mit der normalen Atmung aufgedeckt. Die Polowzowsche Hypothese ist als eine „Nachwirkung" der Diakonowschen Arbeiten zu bezeichnen und kann als eine Erläuterung des großen Einflusses der genannten Untersuchungen auf die jüngeren Fachgenossen dienen. Ebenso hat Maquenne[4]) die von Borodin (a. a. O.) vermißte gewaltige Steigerung der normalen Atmung nach vierstündiger Anaerobiose wahrgenommen, aber trotzdem die alte Theorie beibehalten und keinen Zusammenhang zwischen anaerober und normaler Atmung anerkannt. Indes setzt Pflügers Theorie voraus, daß bei anaerober Atmung leicht oxydable Stoffe entstehen, die durch Eingreifen oxydierender Katalysatoren alsdann zu CO_2 und H_2O verbrannt sind. Die Maquenneschen Versuche könnten also gerade zugunsten der Pflügerschen Theorie interpretiert werden.

---

[1]) Pfeffer, W.: Lehrb. d. Pflanzenphysiol. 2. Aufl. Bd. 1. 1897.

[2]) Chudiakow, J.: Landwirtschaftl. Jahrb. Bd. 23, S. 486. 1894.

[3]) Polowzow, V.: Untersuchungen über die Pflanzenatmung. 1901. Russisch.

[4]) Maquenne, Cpt. rend. Tome 119, p. 100 et 697. 1894.

Die Anhänger der Diakonowschen Ansichten ließen jedoch eine spätere Arbeit von Diakonow[1]) ohne gebührende Beachtung. Die genannte Untersuchung wurde zwar nur in russischer Sprache veröffentlicht, blieb jedoch auch von russischen Forschern fast gar nicht berücksichtigt. In dieser Arbeit erklärt Diakonow seine früheren Ergebnisse als nicht ganz zuverlässig und wiederholt seine Versuche mit Schimmelpilzen unter anderen Verhältnissen, und zwar mit ganz jungen Pilzdecken. Die neuen Resultate waren überraschend: es ergab sich, daß streng aerobe Schimmelpilze selbst bei Ernährung mit gärungsfähigen Zuckerarten keine Spur von CO_2 bei Sauerstoffabschluß ausscheiden und nach Ablauf von $1-1^1/_2$ Stunden absterben. Sie sind, Diakonows Meinung nach, als typisch aerobe Repräsentanten des „Lebenssubstrates" zu bezeichnen, die überhaupt keine Stoffumwandlungen bei Sauerstoffabschluß bewirken und nur bei ungehindertem Sauerstoffzutritt vegetieren. Auch diese Ansicht hat allerdings Anhänger gefunden, denn in einer bereits im Jahre 1903 veröffentlichten Arbeit sucht Dude[2]) festzustellen, daß Aspergillus niger im Wasserstoffe bereits nach 40—120 Minuten (je nach Zusammensetzung der Nährlösung) abstirbt. Daß diese Schlußfolgerung zu jener Zeit durchaus unberechtigt war, wird aus nachfolgendem ersichtlich werden.

Daß diese letzte Arbeit von Diakonow[3]) zu unrichtigen Resultaten geführt hat, war von vornherein sehr wahrscheinlich. Die bereits im Jahre 1899 von Kostytschew[4]) ausgeführte Nachprüfung ergab in der Tat, daß Penicillium glaucum bei Sauerstoffabschluß auf Zuckerlösungen regelmäßig CO_2 abscheidet. Nun war der Gedanke naheliegend, daß auch die früheren Versuche Diakonows nicht ganz richtig ausgeführt bzw. interpretiert worden waren. Sind doch im Laufe der Zeit verschiedenartige Untersuchungen erschienen, deren Ergebnisse wohl zugunsten der Theorie des Zusammenhanges sprechen. Hierzu gehören u. a. alle diejenigen Studien, die ein Konstantbleiben der Größe von I/N unter verschiedenen Verhältnissen außer Zweifel stellen,

---

[1]) Diakonow, N.: Arb. d. Naturf.-Ges. in Petersburg. Bd. 23, S. 1. 1893.

[2]) Dude: Flora. Bd. 92, S. 205. 1903.

[3]) Diakonow, N.: a. a. O.

[4]) Kostytschew, S.: Arb. d. Naturf.-Ges. in Petersburg. Bd. 30, S. 120. 1899.

namentlich die vorstehend zitierten Resultate von Chudiakow, Amm, Palladin und Morkowin[1]). Es ist einleuchtend, daß vom Standpunkte Diakonows aus alle diese interessanten Regelmäßigkeiten nichts anderes als zufällige Übereinstimmungen zu bedeuten hätten; eine wohl wenig wahrscheinliche Erklärung! Andererseits ist folgende Deutung der genannten Tatsachen im Sinne der Pflügerschen Theorie bedeutend einleuchtender: Einwirkungen, die auf die ersten Phasen des Atmungsvorganges sich geltend machen, müssen auch den Gesamtvorgang in derselben Richtung beeinflussen.

Eine andere wichtige Unterstützung der Theorie des Zusammenhanges lieferte die Entdeckung der Zymase durch E. und H. Buchner[2]). Ausführliche Untersuchungen dieser Forscher haben festgestellt, daß Hefezymase sich dem Luftsauerstoff gegenüber indifferent verhält; ihre Wirkung ist sowohl bei Sauerstoffzutritt, als bei Sauerstoffabschluß eine und dieselbe. Nun fragt es sich, warum Samenpflanzen und andere aerobe Organismen keinen Alkohol bei normalen Lebensverhältnissen erzeugen und die Zymasewirkung sich in ihnen nur bei Sauerstoffabschluß geltend macht? Entweder ist die Zymase der Samenpflanzen mit derjenigen der Hefepilze nicht ganz identisch, oder es verschwinden bei Luftzutritt die Produkte der Zymasewirkung infolge Eingreifens der Oxydationsvorgänge. Diese letztere Annahme bildet aber die wichtigste Grundlage der Theorie des Zusammenhanges der anaeroben mit der normalen Atmung.

Gegen alle diese zugunsten der Theorie des Zusammenhanges sprechenden Argumente konnten eigentlich nur die Versuchsergebnisse Diakonows ins Treffen geführt werden, doch ist nicht außer acht zu lassen, daß Diakonow selbst seine früheren Ergebnisse in einer späteren Arbeit als nicht ganz zuverlässig bezeichnete; eine Nachprüfung der Diakonowschen Arbeit erwies sich daher als notwendig.

Diese Nachprüfung wurde von Kostytschew[3]) ausgeführt und ergab eine Widerlegung und Aufklärung der wichtigsten

---

[1]) Chudiakow, N.: Landwirtschaftl. Jahrb. Bd. 23, S. 333. 1894; Amm: Jahrb. f. wiss. Botanik. Bd. 25, S. 1. 1893; Palladin, W.: Rev. gén. de botan. Tome 6, p. 201. 1894; Morkowin, N.: Ber. d. botan. Ges. Bd. 21, S. 72. 1903.

[2]) Buchner, E.: Ber. d. Dtsch. Chem. Ges. Bd. 30, S. 117 u. 1100. 1897; Buchner, E., H. Buchner und M. Hahn: Die Zymasegärung. 1903.

[3]) Kostytschew, S.: Jahrb. f. wiss. Botanik. Bd. 40, S. 563. 1904.

Resultate Diakonows. Die Versuche wurden anfangs im Stickstoff angestellt, um den eventuell schädlichen Einfluß von Wasserstoff bzw. seiner Begleitstoffe auszuschließen. Reinkulturen der Schimmelpilze Aspergillus niger und Rhizopus nigricans wurden auf Lösungen von Traubenzucker, Chinasäure, Pepton und Weinsäure gezogen. Sowohl die mit Zucker, als die mit Nichtzuckerstoffen ernährten Kulturen haben CO_2 bei Sauerstoffabschluß abgeschieden; späterhin ergab sich, daß auch Milchsäure-, Glycerin- und Mannitkulturen von Aspergillus niger anaerobe CO_2-Bildung hervorbringen. Auf Grund sowohl dieser Ergebnisse als seiner zahlreichen späteren Versuche mit verschiedenen Samenpflanzen war Kostytschew berechtigt, den Schluß zu ziehen, daß die sogenannte anaerobe Atmung allen aeroben Pflanzen eigen ist. So wurde also der Diakonowsche Satz umgewandt. Die Resultate Diakonows sind nämlich auf eine Vergiftung der aeroben Schimmelpilze bei Sauerstoffabschluß durch Produkte des unvollkommenen Stoffwechsels zurückzuführen. Kostytschew[1]) hat u. a. dargetan, daß Aspergillus niger bei Sauerstoffabschluß bedeutende CO_2- und Alkoholmengen erzeugt, wenn die Pilzdecke in Zuckerlösung getaucht ist und in einem Gasmedium nicht verbleibt. Bei derartigen Verhältnissen diffundiert ein Teil der Stoffwechselprodukte in die umgebende Lösung, wodurch die Vergiftung des Pilzes gemildert wird. Die neueren Untersuchungen von Kostytschew und Afanassjewa[2]) haben die Frage nach der Vergiftung der aeroben Pilze endgültig erledigt. Es hat sich herausgestellt, daß Aspergillus niger und Penicillium glaucum, die bei normalen Lebensverhältnissen ganz bedeutende Säurekonzentrationen vertragen und z. B. auf $5\,^0/_0$iger Lösung der freien Weinsäure zu einer üppigen Entwicklung gelangen, bei Sauerstoffabschluß durch minimale Säuremengen schwer vergiftet werden. Eine auf Weinsäure gezogene Kultur von Aspergillus niger bildete z. B. keine Spur von Äthylalkohol auf derselben Lösung, die zu ihrer Entwicklung in ausgezeichneter Weise diente. Durch Herstellung einer schwach alkalischen Reaktion gelang es aber, eine nicht unbeträchtliche Alkoholbildung durch Aspergillus und Penicillium hervorzurufen. Auf Zuckerlösungen vermag nur

---

[1]) Kostytschew, S.: Ber. d. botan. Ges. Bd. 25, S. 44. 1907; Untersuch. über anaerobe Atmung. 1907. Russisch.

[2]) Kostytschew, S. und M. Afanassjewa: Jahrb. f. wiss. Botanik. Bd. 60, S. 628. 1921.

Aspergillus niger unter anaerobiotischen Verhältnissen Alkohol bei saurer Reaktion zu erzeugen; was Penicillium glaucum anbelangt, so war dieser Pilz nicht imstande, auch nur Spuren von Äthylalkohol unter diesen Verhältnissen zu bilden. Dieses Resultat war um so überraschender, als beide Pilze bei schwach alkalischer Reaktion (in Gegenwart von $CaCO_3$ und Sauerstoffabschluß) grammweise Alkohol produzieren. Die alkoholische Gärung dieser sogenannten „streng aeroben" Pilze war in den Versuchen von Kostytschew und Afanassjewa so bedeutend, daß der Verlauf der CO_2-Bildung mit dem bloßen Auge nach der Blasenentwicklung verfolgt werden konnte. Durch diese Versuche wird die Bedeutung der äußeren Bedingungen klargelegt. Sowohl in den Diakonow-schen Versuchen, als in denjenigen von Kostytschew und Afanassjewa hat z. B. Penicillium auf der Oberfläche einer schwach sauren Lösung keine Spur von Alkohol erzeugt, wogegen die in große Mengen der Zuckerlösung bei neutraler Reaktion getauchte Pilzdecken eine regelrechte alkoholische Gärung be-wirken.

Auch haben Kostytschew und Afanassjewa die vermeint-liche Gegensätzlichkeit zwischen der Ernährung mit Zucker und mit Nichtzuckerstoffen, die Diakonow so stark betont hatte, aufgehoben. Es ergab sich, daß verschiedene organische, stick-stofffreie Nährstoffe, wie z. B. Glycerin, Mannit, Weinsäure, China-säure, Milchsäure durch Pilze zu Zucker verarbeitet werden; letzterer wird alsdann zu CO_2 und Äthylalkohol[1]) vergoren.

Durch alle diese Ergebnisse wurden nicht nur die Arbeiten von Diakonow, sondern auch die älteren Untersuchungen von Wilson und Moeller überholt[2]). Die Theorie des genetischen Zusammenhanges der anaeroben mit der normalen Atmung ist wiederum in ihr Recht gesetzt worden und kann sich nun weiter entwickeln.

Unter dem Einflusse der Zymaseentdeckung und der verschie-denen neueren experimentellen Ergebnisse haben auch die Gegner der Theorie des Zusammenhanges, Godlewski und Palladin, ihre Ansichten grundsätzlich geändert. Nachdem Godlewski und

---

[1]) Kostytschew, S. und M. Afanassjewa: a. a. O.; Kostytschew, S.: Zeitschr. f. physiol. Chem. Bd. 111, S. 236. 1920.

[2]) Die schwankenden Werte von I/N bei verschiedenen Pflanzen sind wohl ebenfalls auf eine mehr oder weniger starke Vergiftung des Versuchsmaterials bei Sauerstoffabschluß zurückzuführen.

Polzeniusz die Identität der anaeroben Atmung von Erbsensamen mit der alkoholischen Gärung dargetan haben, hat sich
Godlewski[1]) der Theorie des Zusammenhanges angeschlossen
und glaubte annehmen zu dürfen, daß die Wortmannsche
Hypothese im Grunde genommen richtig sei. Wortmann hat
zwar die nicht zutreffende Annahme gemacht, daß die Größe von
I/N gleich 1 ist, worauf sich die Darstellung des Zuckerabbaues
nach dem Wortmannschen Schema gründet, Godlewski weist
jedoch darauf hin, daß dieselbe Darstellung bei anderen Größen
von I/N im Prinzip aufrecht erhalten kann. Ist z. B. $I/N = 0,5$,
so sind nach Godlewski folgende Reaktionen möglich.

$$(I) \ldots \ldots \quad 3\,C_6H_{12}O_6 = 6\,CH_3 \cdot CH_2OH + 6\,CO_2$$
$$(II) \ldots .6\,CH_3 \cdot CH_2OH + 12\,O_2 = C_6H_{12}O_6 + 6\,CO_2 + 12\,H_2O.$$

Diese Auffassung zieht Takahashi[2]) in Zweifel, indem er
darauf hinweist, daß Äthylalkohol sich schwerer oxydieren lasse,
als Zucker; eine Verarbeitung des Zuckers in Alkohol müßte daher
die Atmung nicht befördern, sondern vielmehr hemmen.

Palladin[3]) hat bei seinen Untersuchungen über den respiratorischen Stoffwechsel der einzelligen Alge Chlorothecium
saccharophilum folgende Resultate erhalten: Nach einer nicht
allzu andauernden Anaerobiose erfolgte eine gewaltige Steigerung
der CO_2-Produktion bei der normalen Atmung. Diese Beobachtung
hat bereits früher Maquenne[4]) gemacht, der allerdings weniger
scharfe Stimulierung zu verzeichnen hatte. Da nun die Pflüger-
sche Theorie des Zusammenhanges der anaeroben mit der normalen
Atmung eine Bildung von leicht oxydablen Stoffen bei Sauerstoffabschluß voraussetzt, so hat sich Palladin der Theorie des Zusammenhanges angeschlossen, zunächst ohne seine Ansichten
darüber näher zu präzisieren. Später hat er eine ausführlich be-
arbeitete Atmungstheorie gegeben, von der im nächsten Abschnitt
die Rede sein wird.

Mazé[5]) nimmt an, daß die alkoholische Gärung die erste Stufe

---

[1]) Godlewski und Polzeniusz: Anz. d. Akad. d. Wiss. Krakau. 1901.
S. 227.

[2]) Takahashi: Bull. of the coll. of agricult. Tokyo. Vol. 5, p. 243.
1902—1903.

[3]) Palladin, W.: Zentralbl. f. Bakteriol., Parasitenk. u. Infektionskrankh., Abt. II. Bd. 11, S. 146. 1904.

[4]) Maquenne: Cpt. rend. Tome 119, p. 100 et 697. 1894.

[5]) Mazé: Ann. de l'inst. Pasteur. Tome 16, p. 195, 346, 433. 1902; Tome 18,
p. 277, 378, 535. 1904.

sowohl der Sauerstoffatmung als der Assimilation der Kohlenhydrate durch Pflanzen darstellt. Der genannte Forscher sucht
zu beweisen, daß die Gesamtmenge des bei normaler Atmung
verbrauchten Zuckers im Vorgange der alkoholischen Gärung in
CO_2 und Äthylalkohol zerfällt. Der Alkohol wird unter Aufnahme
des molekularen Sauerstoffs assimiliert und nicht total verbrannt.
Auf diese Weise sollen Atmung und Bauwechsel zwei miteinander
untrennbar verknüpfte Vorgänge vorstellen und die Gesamtmenge
des Atmungskohlendioxyds durch Zymasewirkung gebildet sein.
Diese weitgehenden Schlußfolgerungen sind jedoch durch die
Mazéschen Experimentalergebnisse nicht genügend bekräftigt; was
speziell die Assimilation der Kohlenhydrate durch die Zwischenstufe von Äthylalkohol anbelangt, so ist diese Annahme auf Grund
der modernen Befunde als überwunden anzusehen. Diese Frage
wird nachstehend ausführlicher erläutert werden.

Kostytschew[1]) hat bereits in seinen älteren Arbeiten folgende Annahme über den Zusammenhang der Sauerstoffatmung
mit der alkoholischen Gärung gemacht. Die alkoholische Gärung
ist schon an und für sich ein komplizierter Vorgang, der aus
mehreren Teilstufen besteht. Bei aeroben Pflanzen vollzieht
sich die Alkoholbildung nur bei Sauerstoffabschluß; also bei
Abwesenheit der biochemischen Oxydationsvorgänge. Bei Sauerstoffzutritt findet eine totale Oxydation der labilen intermediären
Produkte der alkoholischen Gärung statt, bevor es zur eigentlichen Alkoholbildung kommt. Auf diese Weise ist Äthylalkohol,
entgegen der Annahme von Pfeffer und Wortmann, kein
Zwischenprodukt der Sauerstoffatmung, sondern ein Stoffwechsel-
produkt, das in streng aeroben Pflanzen nur bei Hemmung der
Oxydation spontan entsteht. Nichtsdestoweniger ist eine Zymasewirkung für das Zustandekommen der Sauerstoffatmung unentbehrlich, da durch das Eingreifen der Gärungsfermente Zucker
in labile, leicht oxydable Stoffe übergeht, die dann einer vitalen
Verbrennung anheimfallen. Diese Theorie suchte Kostytschew
in späteren Arbeiten experimentell zu bekräftigen. Erstens hat
er dargetan, daß Äthylalkohol durch Samenpflanzen schwer oder
gar nicht oxydiert wird[2]), zweitens hat er die überraschend starke

---

[1]) Kostytschew, S.: Journ. f. exp. Landwirtsch. Bd. 2, S. 580. 1901.
Russisch. Untersuch. über die anaerobe Atmung d. Pflanzen. 1907.
Russisch u. a.

[2]) Kostytschew, S.: Biochem. Zeitschr. Bd. 15, S. 164. 1908; Bd. 23,
S. 137. 1909; Physiol.-chem. Untersuch. über Pflanzenatmung. 1910.

Stimulation der Sauerstoffatmung durch angegorene Zucker-lösungen hervorgehoben[1]). Diese Resultate wurden bereits vor-stehend besprochen; sie liefern zwar keinen direkten Beweis dafür, daß namentlich intermediäre Produkte der alkoholischen Gärung bei der normalen Atmung verbrennen, können jedoch wohl im angegebenen Sinne gedeutet werden. Andererseits hat Kosty-tschew[2]) bewiesen, daß in angegorenen Lösungen Stoffe ent-halten sind, die durch Einwirkung der oxydierenden Fermente der Samenpflanzen total verbrannt werden. Dagegen sind dieselben oxydierenden Fermente nicht imstande, Traubenzucker unter CO_2-Bildung zu verarbeiten. Von allen diesen Versuchen wird noch später die Rede sein.

3. Die neuesten Einwendungen gegen die Theorie des Zusammenhanges der anaeroben mit der normalen Atmung.

Aus obiger Darstellung ist ersichtlich, daß zugunsten der Theorie des Zusammenhanges folgende Tatsachen angeführt werden können.

1. Die allgemeine Verbreitung der anaeroben Atmung. Es wurde bisher keine einzige Pflanze aufgefunden, die nicht fähig wäre, CO_2 bei vollkommenem Sauerstoffabschluß zu produzieren. Von diesen Pflanzen leben die meisten unter Verhältnissen, die eine zeitweilige Anaerobiose ausschließen. Die vermeintliche Be-deutung der anaeroben Atmung als einer „biologischen Anpassung" ist also höchst zweifelhaft. Viel wahrscheinlicher ist die Annahme, daß sie einen normalen Lebensvorgang darstellt.

2. Die Zymasetätigkeit wird durch Sauerstoffzutritt nicht ge-hemmt. Aus der nachfolgenden Darlegung wird ersichtlich werden, daß die Zymase der Samenpflanzen in dieser Beziehung keine Ausnahme bildet[3]). Das Fehlen der Alkoholproduktion im normalen Leben der Samenpflanzen ist also durchaus nicht darauf zurückzuführen, daß Gärungsfermente bei Sauerstoffzutritt außer Tätigkeit gesetzt sind. Es ist vielmehr die Annahme naheliegend, daß Gärungsprodukte im Atmungsvorgange verbrannt werden.

---

[1]) Kostytschew, S.: a. a. O.; außerdem Kostytschew, S. und A. Scheloumow: Jahrb. f. wiss. Botanik. Bd. 50, S. 157. 1911.

[2]) Kostytschew, S.: Zeitschr. f. physiol. Chem. Bd. 67, S. 116. 1910.

[3]) Kostytschew, S.: Ber. d. botan. Ges. Bd. 22, S. 207. 1904; Zentralbl. f. Bakteriol., Parasitenk. u. Infektionskrankh., Abt. II. Bd. 13, S. 490. 1904; Palladin, W. und S. Kostytschew: Zeitschr. f. physiol. Chem. Bd. 48, S. 214. 1907.

3. Diese Annahme wird durch zweierlei Tatsachen bekräftigt: Erstens stimulieren durch Hefe angegorene Zuckerlösungen die normale Sauerstoffatmung der Pflanzen[1]. Zweitens erfolgt nach temporärer Sauerstoffentziehung ein gewaltiger Aufschwung der aeroben CO_2-Produktion, falls das Versuchsmaterial während der Anaerobiose nicht stark vergiftet war[2].

4. Im Zusammenhange damit steht die Tatsache, daß die oxydierenden Fermente der Pflanzen Zucker direkt nicht anzugreifen vermögen; doch sind sie imstande, die in angegorenen Lösungen enthaltenen Stoffe zu CO_2 zu verbrennen. Hierdurch erhellt die Notwendigkeit der anaeroben Zuckerspaltung für den normalen Vorgang der Sauerstoffatmung[3].

5. Veränderte äußere Einwirkungen auf die normale und anaerobe Atmung haben eine Veränderung der Größe von I/N nicht zur Folge. Dies beweist, daß sowohl die aerobe, als die anaerobe CO_2-Produktion im gleichen Maße und Sinne beeinflußt sind[4]. Beachtenswert ist z. B. der Umstand, daß der Verlauf der anaeroben Atmung bei der Samenkeimung nach Amm durch dieselbe Kurve der großen Atmungsperiode ausgedrückt wird, wie der Verlauf der Sauerstoffatmung und des Wachstums. Es scheint also, daß gesteigerte respiratorische Tätigkeit eine entsprechende Intensitätszunahme der ersten Atmungsphase erheischt. Nicht minder überzeugend sind die Resultate von Morkowin und namentlich von Smirnoff. Morkowin hat dargetan, daß bei der Stimulierung der Atmungsenergie durch Giftwirkung die Größe von I/N unverändert bleibt. Smirnoff erzielte dasselbe Ergebnis beim Wundreiz. Beachtenswert ist hierbei folgender Umstand, der als eine unzweideutige Bekrättigung der Theorie des Zusammenhanges anzusehen ist: Die Stimulierung der anaeroben Atmung durch mechanische Reizwirkungen findet nur in dem Falle statt, wenn die gereizten Objekte abwechselnd

---

[1] Kostytschew, S.: Biochem. Zeitschr. Bd. 15, S. 164. 1908; Bd. 23, S. 137. 1909; Ber. d. botan. Ges. Bd. 31, S. 422, 432. 1913.

[2] Maquenne: Cpt. rend. Tome 119, p. 100, 697. 1894; Palladin, W.: Zentralbl. f. Bakteriol., Parasitenk. u. Infektionskrankh., Abt. II. Bd. 11, S. 146. 1904.

[3] Kostytschew, S.: Zeitschr. f. physiol. Chem. Bd. 67, S. 116. 1910.

[4] Amm: Jahrb. f. wiss. Botanik. Bd. 25, S. 1. 1893; Palladin, W.: Rev. gén. de botan. Tome 6, p. 201. 1894; Chudiakow, N.: Landwirtschaftl. Jahrb. Bd. 23, S. 333. 1894; Morkowin, N.: Ber. d. bot. Ges. Bd. 21, S. 72. 1903; Smirnoff: Rev. gén. de botan. Tome 15, p. 32. 1903.

unter aeroben und anaeroben Verhältnissen atmen. Bleibt das Versuchsmaterial dauernd bei Sauerstoffabschluß, so übt Wundreiz keine Wirkung auf die anaerobe Atmung aus.

Es muß sofort darauf aufmerksam gemacht werden, daß durch obige Tatsachen der genetische Zusammenhang der anaeroben mit der normalen Atmung nicht endgültig bewiesen ist. Ein direkter Beweis könnte nur geliefert werden, wenn es gelänge zu zeigen, welche Produkte des anaeroben Stoffwechsels einer Oxydation bei Sauerstoffzutritt unterliegen und auf welche Weise die genannte Oxydation vor sich geht. Nichtdestoweniger ist und bleibt obige Theorie eine fruchtbare Arbeitshypothese, deren volle Bedeutung im nächsten Abschnitt dargelegt wird. Deshalb wurde sie namentlich in ihrer modernen Form (als Oxydation der intermediären Gärungsprodukte) im allgemeinen günstig aufgenommen, zumal da sich herausgestellt hat, daß die „intermediären Gärungsprodukte" in der Tat existieren. Die alkoholische Gärung erwies sich als ein komplizierter Vorgang.

Nur Maquenne und Boysen-Jensen haben neuerdings Einwände gegen die allgemeine Gültigkeit der Theorie des Zusammenhanges erhoben. Maquenne und Demoussy[1]) haben gefunden, daß Laubblätter in einer vollkommen sauerstofffreien Atmosphäre schnell zugrunde gehen, obwohl sie sich schon bei minimalem Sauerstoffgehalte dauernd am Leben erhalten. Die Verfasser erblicken daran einen Widerspruch zu der Theorie des Zusammenhanges, was dem Verfasser dieser Zeilen als kaum richtig erscheint. Betrachtet man die respiratorischen Vorgänge vom energetischen Standpunkte aus, so ist es einleuchtend, daß die Wärmetönung der anaeroben Atmung im Vergleich zu derjenigen der Oxydationsvorgänge sehr geringfügig ist, und zwar auch in dem Falle, wenn letztere nur in beschränktem Umfange vor sich gehen. Eben deshalb gehen die Pflanzen bei Sauerstoffabschluß zugrunde. Betrachtet man nun die anaerobe Atmung als einen Vorbereitungsakt, dessen Bedeutung in der Produktion von leicht oxydablen Zwischenprodukten der alkoholischen Gärung besteht, so erscheint es als durchaus natürlich, daß diese Teilstufe der normalen Atmung an und für sich mit keiner Energieentwicklung verbunden ist. Übrigens scheint die moderne Ansicht über die Verbrennung der intermediären Gärungsprodukte Maquenne und Demoussy unbekannt zu sein.

---

[1]) Maquenne, L. et E. Demoussy: Cpt. rend. Tome 173, p. 373. 1921.

Boysen-Jensen[1]) betont den Umstand, daß in seinen Versuchen die Größe von I/N bei einigen Pflanzen unter $^1/_3$ sank. Der Verfasser nimmt an, daß bei Pflanzen, die eine mehr oder weniger intensive anaerobe Atmung entwickeln, dieselbe wohl im Zusammenhange mit der normalen Atmung steht und die vollkommene Zuckeroxydation erleichtert. Pflanzen dagegen, die eine ganz schwache anaerobe Atmung aufweisen, bereiten, Boysen-Jensens Meinung nach, der Theorie des Zusammenhanges bedeutende Schwierigkeiten. Würde nämlich die Gesamtmenge des veratmeten Zuckers zunächst durch Gärungsfermente angegriffen, so müßten letztere bei Sauerstoffabschluß die Zuckervergärung vollenden und hierbei $^1/_3$ derjenigen CO_2-Menge ausscheiden, die bei totaler Zuckerverbrennung frei wird.

$$C_6H_{12}O_6 = 2\,CO_2 + 2\,CH_3 \cdot CH_2OH \text{ (Vergärung)}$$
$$C_6H_{12}O_6 + 6\,O_2 = 6\,CO_2 + 6\,H_2O \quad \text{(Verbrennung).}$$

Vorstehend wurde bereits darauf hingewiesen, daß den Bestimmungen von I/N keine große Bedeutung zukommt, da die Intensität der anaeroben Atmung in erster Linie durch den Grad der Vergiftung bedingt ist. Auch hebt Boysen-Jensen selbst hervor, daß namentlich bei Pflanzen, die in seinen Versuchen geringe Werte von I/N ergaben, die anaerobe CO_2-Produktion von Stunde zu Stunde sank. Es scheint also, daß der Verfasser in Widerspruch mit seiner eigenen Behauptung gerät, wenn er schreibt: „Zwar ist die Möglichkeit vorhanden, daß die intramolekulare Atmung bei Pflanzen dieser Gruppe geringfügig ist, weil die Pflanzen während der Anaerobiose geschädigt werden. Hiergegen spricht, daß die Pflanzen sich nach kurzdauernder Anaerobiose wieder erholen" (S. 29). Indes äußert sich Boysen-Jensen auf S. 8 seiner interessanten Mitteilung dahin, daß „der Wert dieses Quotienten (I/N) sehr problematisch ist", und fährt weiter fort: „Wie wir später sehen werden, ist bei verschiedenen Pflanzenobjekten die während der Anaerobiose gebildete Kohlensäuremenge nicht konstant, sondern sinkt von Stunde zu Stunde. Der Wert des betreffenden Quotienten verändert sich daher stark mit der Dauer der Anaerobiose."

Mit dieser letzteren Ansicht ist der Verfasser des vorliegenden Buches vollkommen einverstanden. Außerdem muß man im Auge behalten, daß die Erholung der Pflanzen nach der Anaerobiose

---

[1]) Baysen-Jensen, P.: Biol. Meddel. udgivne af det danske videnskab. selskab. Bd. 4, S. 1. 1923.

keinen Einwand gegen die Annahme einer Vergiftung bei anaerobiotischen Verhältnissen bildet. Ob die Pflanze sich nachher
erholt oder schließlich doch abstirbt, hängt einzig und allein vom
Grad der Vergiftung ab. Die Beweisführungen Boysen-Jensens
zugunsten einer Möglichkeit der direkten Zuckerverbrennung im
Atmungsvorgange sollen weiter unten besprochen werden; es
scheint nämlich, daß eine derartige direkte Verbrennung in der
Pflanzenzelle kaum möglich ist.

Es sei hervorgehoben, daß der Aufsatz von Boysen-Jensen
wichtige und interessante experimentelle Ergebnisse enthält, die
teils vorstehend besprochen wurden, teils aber auf nachfolgenden
Seiten Erwähnung finden. Was die theoretischen Meinungsver-
schiedenheiten anbelangt, so sind dieselben wohl von nebensäch-
licher Bedeutung. Der Verfasser dieser Zeilen erblickt z. B. in
verschiedenen von Boysen-Jensen mitgeteilten Tatsachen eine
Bekräftigung der Theorie des Zusammenhanges der anaeroben
mit der normalen Atmung. Solange keine direkten unzwei-
deutigen Nachweise für die Richtigkeit dieser Theorie vorliegen,
sind derartige Gegensätzlichkeiten wohl nicht ausgeschlossen.

IV. Die chemischen Vorgänge bei der Pflanzenatmung.

1. Die anaeroben Stoffumwandlungen und die daran beteiligten Fermente.

Auf Grund des vorstehend Dargelegten ist es ratsam, die
respiratorischen Stoffumwandlungen vom Standpunkte der Theorie
des genetischen Zusammenhanges der anaeroben mit der normalen
Atmung aus zu betrachten. Somit nehmen wir an, daß der Stoff-
umsatz bei der normalen Atmung in zwei Reaktionsgruppen einzu-
teilen ist: in anaerobe Spaltungsvorgänge und in Oxydationsvorgänge. Wir wollen uns nunmehr mit den Spaltungsvorgängen
befassen.

Vorstehend wurde bereits hervorgehoben, daß bei der anaeroben
Atmung der Pflanzen regelmäßig Äthylalkohol entsteht. Nur bei
folgenden Objekten hat Kostytschew die Alkoholbildung durchaus vermißt: 1. Fruchtkörper von Psalliota campestris,
2. ruhende Kartoffelknollen, 3. Peptonkulturen von Aspergillus

niger (alle diese Objekte haben allerdings beträchtliche CO_2-Mengen bei Sauerstoffabschluß erzeugt). Es war gewiß von Wichtigkeit, festzustellen, ob in aeroben Pflanzen Fermente der alkoholischen Gärung vorkommen. Diese Frage ist auch in bejahendem Sinne beantwortet: kurz nach Entdeckung der Hefezymase hat Stoklasa[1]) aus Samenpflanzen Präparate dargestellt, die Zucker zu Äthylalkohol und CO_2 vergären. Dieser Befund erregte zunächst Zweifel, ob nicht Bakterien als Gärungserreger anzusehen wären; späterhin wurde aber Zymase aus Reinkulturen verschiedener aerober Schimmelpilze durch Kostytschew[2]) isoliert; auch Palladin und Kostytschew[3]) haben Zymasewirkung in verschiedenen abgetöteten Samenpflanzen durch Ausschluß von niederen Organismen außer Zweifel gestellt. Die Wirkungsweise der aus Samenpflanzen und aeroben Schimmelpilzen isolierten Zymase ist derjenigen der Hefezymase durchaus ähnlich; in beiden Fällen übt Sauerstoff auf den Vorgang der Alkoholbildung keinen Einfluß aus. Diese Resultate beweisen, daß die Abwesenheit von Alkohol in lebenden aeroben Pflanzen bei normalen Verhältnissen nicht auf eine Hemmung der Gärungsfermente, sondern auf weitere Verarbeitung der Gärungsprodukte zurückzuführen ist. Alle Theorien, die den genetischen Zusammenhang zwischen anaerober und normaler Atmung in Abrede stellen, müssen somit eine befriedigende Erklärung für das Ausbleiben der Äthylalkoholbildung bei Luftzutritt liefern, und zwar unter Berücksichtigung der Tatsache, daß die Zymasewirkung in Samenpflanzen und aeroben Pilzen durch Sauerstoff nicht gehemmt wird.

Carboxylase, ein Ferment, das CO_2 von α-Ketonsäuren abspaltet und als Bestandteil des unter dem Namen Zymase zusammengefaßten Komplexes der Gärungsfermente gilt, wurde in

---

[1]) Stoklasa, J. und Cerny: Ber. d. Dtsch. Chem. Ges. Bd. 36, S. 622. 1903; Zentralbl. f. Physiol. Bd. 16, S. 652. 1903; Stoklasa, Jelinek, Vitek: Hofm. Beitr. Bd. 3, S. 460. 1903; Stoklasa, Cerny, Jelinek, Vitek: Zentralbl. f. Bakteriol., Parasitenk. u. Infektionskrankh., Abt. II. Bd. 13, S. 86. 1904; Stoklasa: Zentralbl. f. Physiol. Bd. 17, S. 465. 1903; Pflügers Arch. f. d. ges. Physiol. Bd. 101, S. 311. 1904.

[2]) Kostytschew, S.: Ber. d. botan. Ges. Bd. 22, S. 207. 1904; Zentralbl. f. Bakteriol., Parasitenk. u. Infektionskrankh., Abt. II. Bd. 13, S. 490. 1904.

[3]) Palladin, W. und S. Kostytschew: Zeitschr. f. physiol. Chem. Bd. 48, S. 214. 1906.

Samenpflanzen von Zaleski[1]) aufgefunden; desgleichen[2]) auch Hexosephosphatase, ein Ferment, das Zucker mit Phosphorsäure verestert und wahrscheinlich ebenfalls an der alkoholischen Gärung teilnimmt.

Sehr beachtenswert ist der Befund Meyerhofs[3]), daß alkoholische Hefegärung durch wäßrige Auszüge aus Tiermuskeln und Keimpflanzen stark stimuliert wird. Umgekehrt steigern Hefeextrakte die normale Atmung der Pflanzen, wie bereits früher Kostytschew[4]) hervorgehoben hat.

Meyerhof weist darauf hin, daß auch für die normale Atmung der Tiergewebe dieselben „Kofermente" notwendig sind wie für die Hefegärung; namentlich soll Hexosephosphorsäure für die fermentative Sauerstoffatmung der Tiere ebenso unentbehrlich sein wie für die fermentative alkoholische Gärung. Obwohl der Begriff von Kofermenten sehr unbestimmt ist[5]), sprechen dennoch obige Resultate Meyerhofs bei beliebiger Interpretierung zugunsten der Annahme, daß zwischen Gärung und Atmung ein genetischer Zusammenhang besteht.

Es ist außerdem gelungen, die Identität der alkoholischen Gärung von Samenpflanzen und Schimmelpilzen mit der alkoholischen Hefegärung durch Isolierung von Acetaldehyd zu beweisen, der zweifellos als Zwischenprodukt der Hefegärung anzusehen ist. Bei Pflanzen, die über Vorräte von labil gebundenem Sauerstoff und über eine bedeutende Menge von oxydierenden Fermenten verfügen, wird selbst bei Sauerstoffabschluß der Acetaldehyd nicht vollkommen zu Äthylalkohol reduziert. So ist es z. B. Kostytschew und seinen Mitarbeitern[6]) gelungen, eine Bildung nennenswerter Mengen von Acetaldehyd bei der anaeroben Atmung von

[1]) Zaleski, W. und E. Marx: Biochem. Zeitschr. Bd. 47, S. 184. 1912; Zaleski, W.: Bd. 48, S. 175. 1913; Zaleski, W.: Ber. d. botan. Ges. Bd. 32, S. 457. 1914; Bodnar, J.: Biochem. Zeitschr. Bd. 73, S. 193. 1916.

[2]) Nemec, A. und F. Duchon: Biochem. Zeitschr. Bd. 119, S. 73. 1921.

[3]) Meyerhof, O.: Pflügers Arch. f. d. ges. Physiol. Bd. 170, S. 367, 428. 1918; Zeitschr. f. physiol. Chem. Bd. 101, S. 165. 1918; Bd. 102, S. 1. 1918.

[4]) Kostytschew, S.: Biochem. Zeitschr. Bd. 15, S. 164. 1908; Bd. 23, S. 137. 1909; Kostytschew, S. und A. Scheloumow: Jahrb. f. wiss. Botanik. Bd. 50, S. 157. 1911; Ber. d. botan. Ges. Bd. 31, S. 422 u. 432. 1913.

[5]) Vgl. besonders Abderhalden, E. und H. Schaumann: Fermentforschung. Bd. 2, S. 120. 1918; Bd. 3, S. 44. 1919.

[6]) Kostytschew, S., Hübbenet, E. und A. Scheloumow: Zeitschr. f. physiol. Chem. Bd. 83, S. 105. 1913.

Pappelblüten nachzuweisen. Neuberg und seine Mitarbeiter [1]) haben Acetaldehyd in Form von Bisulfitverbindung bei der alkoholischen Gärung verschiedener Pilze abgefangen.

Vorstehend wurde bereits darauf hingewiesen, daß bei der anaeroben Atmung der Pflanzen CO_2 als einziges gasförmiges Produkt erscheint. Die von älteren Autoren angenommene Wasserstoffausscheidung, namentlich bei Mannitveratmung, ist nach modernen Forschungen nichts anderes als die Folge einer bakteriellen Infektion [2]). Andererseits ist es ziemlich wahrscheinlich, daß außer Äthylalkohol noch andere Produkte des anaeroben Betriebsstoffwechsels in Pflanzen entstehen. In erster Linie ist in Betracht zu ziehen, daß die Größe von CO_2/C_2H_5OH bei den meisten aeroben Pflanzen dem von der Gleichung der alkoholischen Gärung vorgeschriebenen molekularen Verhältnis nicht entspricht; es wird namentlich oft ein bedeutender Überschuß an CO_2 gebildet. Dieser Umstand kann auf zweierlei Weise erklärt werden:

I. Ein Teil der Gärungsprodukte wird vor der eigentlichen Alkoholbildung auf solche Weise verändert, daß zwar CO_2, aber kein Alkohol aus dem gespaltenen Zuckermolekül entsteht.

II. Die alkoholische Gärung ist nicht die einzige CO_2-Quelle der anaerob atmenden Samenpflanzen: gleichzeitig finden anderweitige Vorgänge statt, bei denen zwar CO_2 entweicht, aber kein Alkohol entsteht.

Beide Annahmen sind nicht unwahrscheinlich, und zwar aus folgenden Gründen:

Bei Kartoffelknollen und Fruchtkörpern von Psalliota campestris wurde nicht die geringste Alkoholbildung bei Sauerstoffabschluß wahrgenommen [3]), obgleich erstere zuckerhaltig sind, die Champignons aber bedeutende Mengen von Mannit führen. Durch Analysen wurde festgestellt, daß in Psalliota ein bedeutender Mannitverbrauch bei Sauerstoffabschluß stattfindet [4]); desgleichen wurde bei Kartoffelknollen Zuckerverbrauch dargetan. Auf Grund der unten besprochenen eigenen Versuche des Verf. besteht der

<hr>

[1]) Cohen, C.: Biochem. Zeitschr. Bd. 112, S. 139. 1920; Neuberg, C. und C. Cohen: Ebenda. Bd. 122, S. 204. 1921; auch Eliasberg, P.: Journ. d. Landw. Inst. in Petrograd. 1921. S. 74. Russisch. (Mucorarten.)

[2]) Kostytschew, S.: Ber. d. botan. Ges. Bd. 24, S. 436. 1906; Bd. 25, S. 178. 1907.

[3]) Kostytschew, S.: Ber. d. botan. Ges. Bd. 25, S. 188. 1907; Bd. 26a, S. 167. 1908; Bd. 31, S. 125. 1913.

[4]) Kostytschew, S.: Zeitschr. f. physiol. Chem. Bd. 65, S. 350. 1910.

Mannitverbrauch durch aerobe Schimmelpilze bei Sauerstoffabschluß in nichts anderem, als in Bildung und Vergärung von Zucker (Fruktose). Es liegt die Annahme nahe, daß Mannit auch bei der anaeroben Atmung der Hutpilze über die Zwischenstufe von Zucker verarbeitet wird; dies ist um so wahrscheinlicher, als bei Sauerstoffzutritt eine Zuckerbildung aus Mannit in diesen Pflanzen im weiten Umfange vor sich geht. Auch ist es kaum denkbar, daß Zuckerverarbeitung in Kartoffeln nicht durch Zymase bewerkstelligt ist, denn in sämtlichen Samenpflanzen hat man bisher nur Zuckerspaltung durch alkoholische Gärung verzeichnet. Auf Grund all dieser Erwägungen liegt die Annahme nahe, daß sowohl in obigen Pflanzen als in anderen Objekten, in denen ein bedeutender CO_2-Überschuß bei Sauerstoffabschluß hervortritt und gleichzeitig Zucker verschwindet, die alkoholische Gärung etwas abnorm verläuft, und zwar verwandelt sich ein intermediäres Gärungsprodukt zum Teil in anderweitige Stoffe.

Nach Ansicht des Verfassers dieser Zeilen kann im vorliegenden Falle nur Acetaldehyd in Betracht kommen, da Äthylalkohol durch Wasserstoffanlagerung aus Acetaldehyd bereits nach erfolgter CO_2-Abspaltung entsteht. Wichtige Gründe sprechen zugunsten der Annahme, daß bei der alkoholischen Gärung durch verschiedene Umwandlungen Brenztraubensäure entsteht, die alsdann durch Carboxylase in Acetaldehyd und CO_2 gespalten wird.

$$CH_3 \cdot CO \cdot COOH = CH_3 \cdot CHO + CO_2.$$

Alsdann wird der Acetaldehyd zu Äthylalkohol reduziert. Hieraus ist ersichtlich, daß bei der alkoholischen Gärung CO_2 und Alkohol nicht simultan entstehen. Auf diese Weise ist es begreiflich, daß in einigen Pflanzen das Verhältnis CO_2/C_2H_5OH abnorm wird. Dies kann davon herrühren, daß der Acetaldehyd entweder mit anderen Stoffen Verbindungen eingeht, oder durch eventuelle Aldolbildung bzw. ähnliche Verwandlungen vor Reduktion geschützt wird. Diese Nebenreaktionen können auch dadurch veranlaßt werden, daß reduzierende Wirkungen, die eine Umwandlung von Aldehyd zu Alkohol bei normaler Gärung herbeiführen, gehemmt sind. Die Hemmung könnte durch oxydierende Agenzien hervorgerufen werden, und zwar durch Oxydation des zur Alkoholbildung notwendigen Wasserstoffs. Beachtenswert ist der Umstand, daß namentlich in Pflanzen, in denen kräftige Oxydationsvorgänge zustandekommen und labil gebundener Sauerstoff enthalten ist, die Größe von CO_2/C_2H_5OH bei Sauerstoffabschluß abnorm erscheint. Nach eigenen Erfahrungen ist in aeroben Schimmelpilzen das Verhältnis CO_2/C_2H_5OH immer dasselbe wie bei der normalen Hefegärung, dagegen wird ein bedeutender Teil des verbrauchten Zuckers von Schimmelpilzen bei Sauerstoffabschluß nicht zu CO_2 und Alkohol, sondern zu anderen Stoffen verarbeitet, deren Natur bisher nicht festgestellt werden konnte.

Die abnorme Größe von CO_2/C_2H_5OH bei anaerober Zuckerverarbeitung ist also oft darauf zurückzuführen, daß in einigen Pflanzen Acetaldehyd, die Vorstufe der Alkoholbildung, nicht zu Alkohol reduziert, sondern auf eine andere Weise verbraucht wird.

Anders sind allem Anschein nach solche Fälle zu erklären, wo weder Zuckerverarbeitung, noch Anwesenheit von Zymase nachzuweisen ist. So haben Kostytschew und Afanassjewa[1]) gefunden, daß Peptonkulturen von Aspergillus niger bei Sauerstoffabschluß zwar CO_2 abscheiden, aber nicht die geringste Menge von Alkohol produzieren. Die Nichtbildung von Alkohol ist in diesem Falle wahrscheinlich auf Fehlen von Zymase zurückzuführen, da Peptonkulturen von Aspergillus niger auch den zugesetzten Zucker bei Sauerstoffabschluß gar nicht verarbeiten. Beachtenswert ist der Umstand, daß nach kurzdauerndem Verbleiben auf Zuckerlösungen bei Sauerstoffzutritt Peptonkulturen bedeutende Zymasemengen erzeugen und hierdurch die Fähigkeit erlangen, Zucker bei Sauerstoffabschluß zu CO_2 und Alkohol mit großer Energie zu vergären. Es ist wohl kaum zweifelhaft, daß im vorliegenden Falle die anaerobe Atmung bei Abwesenheit von Zucker auf Kosten der Spaltungsprodukte des Eiweißes stattgefunden hat und also einen von der alkoholischen Gärung durchaus verschiedenen Vorgang vorstellte. Auch in anderen Pflanzen kommt wohl unter Umständen eine derartige CO_2-Abspaltung aus stickstoffhaltigen Produkten der Eiweißhydrolyse gleichzeitig mit der alkoholischen Gärung zustande, wodurch die gesamte CO_2-Ausscheidung bedeutend zunimmt und das Verhältnis CO_2/C_2H_5OH eine abnorme Größe erreicht.

---

[1]) Kostytschew, S. und M. Afanassjewa: Jahrb. f. wiss. Botanik. Bd. 60, S. 628. 1921; vgl. auch Kostytschew, S.: Zeitschr. f. physiol. Chem. Bd. 111, S. 236. 1920.

2. Das Wesen der Oxydationsvorgänge in Pflanzenzellen.

Bevor wir den Zusammenhang der anaeroben Spaltungsvorgänge mit der nachfolgenden Oxydation der Spaltungsprodukte näher zu präzisieren versuchen, müssen die Grundlagen der biologischen Oxydationen in Pflanzenzellen erörtert werden.

Wie bekannt, hat Lavoisier als erster nachgewiesen, daß Oxydationen auf Sauerstoffanlagerung zurückzuführen sind. Spätere Untersuchungen verschiedener Forscher ergaben jedoch, daß Autoxydationen auf Kosten des molekularen Sauerstoffs oft komplizierte Vorgänge vorstellen, da die Aufnahme des Luftsauerstoffs durch autoxydable Stoffe nicht selten von einer Oxydation solcher Verbindungen begleitet ist, die an und für sich den molekularen Sauerstoff gar nicht oder nur sehr langsam anlagern. So oxydieren sich Phosphine schnell durch Luftsauerstoff; hierbei findet leicht eine simultane Oxydation von Indigweiß statt, die an und für sich nur langsam und unvollkommen verläuft. Analoge Erscheinungen wurden auch bei der Autoxydation von Aldehyden und anderen Stoffen wahrgenommen.

Es ist also ersichtlich, daß die Autoxydation nicht direkt zur Bildung von Oxyden führt, wie es nach den klassischen Versuchen Lavoisiers der Fall zu sein schien. Die Autoxydationsvorgänge sind vielmehr als instruktive gekoppelte Reaktionen anzusehen; erst nach deren Erforschung wurde die physiologische Bedeutung der chemischen Induktion richtig erkannt.

Schönbein [1] war der erste, der Autoxydationsvorgänge als komplizierte Reaktionen aufgefaßt hat. Er hat die richtige Annahme gemacht, daß die erste Phase aller Autoxydationsvorgänge darin besteht, daß inaktiver molekularer Sauerstoff in eine aktive Form übergeht. Die Sauerstoffaktivierung hat sich Schönbein aber unrichtig vorgestellt: er setzte bei diesem Vorgange die Bildung von zwei Körpern voraus: von negativem Ozon und positivem Antozon. Diese Theorie ist zur Zeit als überwunden anzusehen.

Hoppe-Seyler [2] hat sich dahin ausgedrückt, daß Sauerstoff-

---

[1] Schönbein, C. F.: Verhandl. d. Naturf. Ges. Basel. Bd. 3, S. 516. 1863; Journ. f. prakt. Chem. Bd. 105, S. 198. 1868; Zeitschr. f. Biol. Bd. 4, S. 367. 1868.

[2] Hoppe-Seyler: Zeitschr. f. physiol. Chem. Bd. 2, S. 22. 1878; Ber. d. chem Ges. Bd. 12, S. 1551. 1879.

aktivierung nichts anderes sei, als ein Dissoziationsvorgang. Diese
Theorie hat van't-Hoff[1]) weiter entwickelt. Nach van't-Hoff
zerfällt das Sauerstoffmolekül in zwei entgegengesetzt geladene
Ionen, O^+ und O^-. Wenn nun eine autoxydable Substanz mit
einem Ion, z. B. mit O^+ reagiert, kann leicht eine Oxydation
von anderen Stoffen durch entgegengesetzt geladene Ionen O^-
erfolgen. Auf diese Weise glaubte van't-Hoff die simultane
Autoxydation von Triäthylphosphin und Indigweiß, sowie andere
analoge Vorgänge erklären zu können.

Auch diese Theorie hat nur wenig Anklang gefunden. So weist
Bodländer[2]) darauf hin, daß zwei entgegengesetzt geladene
Sauerstoffatome schwerlich auf meßbare Entfernungen voneinander gelangen können; ist dies in der Tat nicht der Fall, so
erscheint eine selektive Oxydation von verschiedenen Stoffen durch
O^+ und O^- nicht recht begreiflich. Engler und Weißberg[3])
haben dargetan, daß die Autoxydation von Triäthylphosphin und
Benzaldehyd zur Bildung von labilen Peroxyden führt, wobei ein
ganzes Sauerstoffmolekül absorbiert wird und also keine Dissoziation des Sauerstoffs stattfindet. Auf Grund dieser Ergebnisse
ist auch die Dissoziationstheorie als überwunden anzusehen.

Fruchtbarer erwies sich die von Traube[4]) entwickelte Theorie
der Peroxydbildung, woraus später die modernen Theorien von
Bach-Engler und von Wieland entstanden. Traube hat die
Annahme gemacht, daß bei allen Autoxydationen zunächst Hydro-
peroxyd entsteht und schließlich die Anlagerung von einem ganzen
Sauerstoffmolekül und Bildung von organischen Peroxyden statt-
findet. So hat Traube[5]) nachgewiesen, daß nicht nur langsame
Wasserstoffoxydation, sondern auch Wasserstoffverbrennung in der

---

[1]) van't Hoff: Zeitschr. f. physikal. Chem. Bd. 16, S. 411. 1895; Verhandl.
d. Naturf. Ges. Frankfurt. Teil II, S. 107. 1897; Ewan: Zeitschr. f. physikal.
Chem. Bd. 16, S. 321. 1895; Jorissen: Ber. d. chem. Ges. Bd. 30, S. 1951.
1897.

[2]) Bodländer: Samml. chem. und chem.-techn. Vorträge von Arens.
Bd. 3, S. 450. 1899.

[3]) Engler, A. und Weißberg: Ber. d. Dtsch. Chem. Ges. Bd. 31,
S. 3055. 1898.

[4]) Traube, M.: Ber. d. Dtsch. chem. Ges. Bd. 15, S. 222, 659, 2491.
1882; Bd. 16, S. 123, 463. 1883; Bd. 18, S. 1877, 1887, 1890, 1894. 1885;
Bd. 19, S. 1111. 1886; Bd. 26, S. 1471. 1894.

[5]) Traube, M.: Ber. d. Dtsch. chem. Ges. Bd. 18, S. 1897. 1885; Bd. 19,
S. 1111. 1886; Engler: Ebenda. Bd. 33, S. 1109. 1900.

Flamme auf einer Bildung von Wasserstoffsuperoxyd beruht[1]). Auch die Oxydation von metallischem Zink in alkalischer Lösung ist, nach Traubes[2]) Darlegungen, von einer intermediären Hydroperoxydbildung begleitet:

$$\text{(I)} \quad \ldots \ldots \quad Zn + 2\,H_2O = Zn(OH)_2 + 2\,H$$
$$\text{(II)} \quad \ldots \ldots \ldots \quad 2\,H + O_2 = H_2O_2$$
$$\text{(III)} \quad \ldots \ldots \ldots \quad Zn + H_2O_2 = Zn(OH)_2.$$

Traube nahm an, daß sämtliche Autoxydationen nur in Gegenwart von Wasser möglich sind, da nur in diesem Falle sich Hydroperoxyd bilden könne. Die Traubesche Theorie wurde alsdann von Bach und Engler umgearbeitet. Bach[3]) nimmt an, daß der Sauerstoff bei Autoxydationsvorgängen nur in Form von ungesättigten Molekülen $-O-O-$ tätig ist; es findet also immer eine Anlagerung von zwei Sauerstoffatomen statt unter Bildung von sogenannten Moloxyden, welche die Eigenschaften von Peroxyden besitzen. Entgegen der Meinung von Traube hält aber Bach eine direkte Bildung von verschiedenen organischen Peroxyden für möglich; letztere kann also ohne intermediäre Hydroperoxydbildung und gar bei vollkommenem Ausschluß von Wasser stattfinden. Dieselbe Theorie hat vollkommen unabhängig von Bach auch A. Engler[4]) vorgeschlagen.

---

[1]) In meinem Laboratorium dient diese Reaktion als Vorlesungsversuch. Einen langen Gummischlauch verbindet man einerseits mit dem Wasserstoffentwickler, andererseits aber mit einem fein ausgezogenen Glasrohr. Man leitet Wasserstoff durch das Rohr, zündet das aus der Capillaröffnung entweichende Gas an, und erhält auf diese Weise eine schmale Flamme, mit der man in einem Eisblock eine tiefe enge Höhle ausbohrt. Hierbei erlischt die Flamme vom Schmelzwasser öfters und muß mit einem in unmittelbarer Nähe befindlichen Brenner wieder angesteckt werden. Ein Teil des Zwischenproduktes der Wasserstoffverbrennung wird im Eisloch durch schnelle Abkühlung vor Zerstörung geschützt und sammelt sich mit dem Schmelzwasser im untergestellten Glas. In diesem Schmelzwasser gelingt es alsdann die Gegenwart von Hydroperoxyd durch Ausscheidung von Jod aus Jodkalium oder andere spezifische Reaktionen nachzuweisen. Vgl. Engler: Ber. d. Dtsch. Chem. Ges. Bd. 33, S. 1109. 1900.

[2]) Traube, M.: Ber. d. Dtsch. chem. Ges. Bd. 26, S. 1471. 1894.

[3]) Bach, A.: Cpt. rend. Tome 124, p. 951. 1897; Monit. scient. (4), Tome 11, Nr. II, p. 479. 1897; Arch. sc. phys. et nat. (4). Tome 35, p. 240. 1913.

[4]) Engler, A. und Wild: Ber. d. Dtsch. Chem. Ges. Bd. 30, S. 1669. 1897; Engler und Weißberg: Ebenda. Bd. 31, S. 3055. 1898; Bd. 33, S. 1097. 1900; Krit. Studien über die Vorgänge d. Autoxydation. 1904; Engler und Herzog: Zeitschr. f. physiol. Chem. Bd. 59, S. 327. 1909; Engler: Zeitschr. f. Elektrochem. Bd. 18, S. 945. 1912 u. a.

Nach Bach - Engler können also bestimmte Stoffe, die als Autoxydatoren zu bezeichnen sind, den Luftsauerstoff direkt anlagern. Dieser Vorgang läßt sich durch folgende schematische Gleichung ausdrücken:

$$A + O_2 = AO_2,$$

z. B.
$$H + H + O_2 = H_2O_2.$$

Oft wird die Reaktion erst dadurch ermöglicht, daß der Autoxydator A von einem Molekülkomplex durch Eingriff bestimmter Stoffe (Pseudautoxydatoren) abgespalten wird. So z. B.:

$$Zn + 2\,H_2O = Zn(OH)_2 + H + H \quad \text{(s. o.)}$$

Die bei der Autoxydation entstehenden Moloxyde zersetzen sich alsdann, indem sie die Hälfte des aufgenommenen Sauerstoffs an überschüssige Moleküle oder Atome des Autoxydators binden, wie es z. B. bei der Wasserstoffverbrennung der Fall ist.

(I) . . . . $\quad H + H + O_2 = H_2O_2$

(II) . . . . $\quad H + H + H_2O_2 = 2\,H_2O.$

Es ist also ersichtlich, daß die eine Hälfte des Wasserstoffs durch Luftsauerstoff, die andere Hälfte aber durch den Sauerstoff des Hydroperoxyds zu Wasser oxydiert wird. Die bei der Autoxydation entstehenden Moloxyde sind immer kräftigere Oxydationsmittel, als molekularer Luftsauerstoff; infolgedessen können nicht nur überschüssige Mengen des Autoxydators, sondern auch anderweitige Stoffe durch Moloxyde oxydiert werden; hierbei spielen die Geschwindigkeiten der betreffenden Reaktionen eine leitende Rolle. So ist die Oxydation von Indigweiß bei der Autoxydation von Triäthylphosphin oder Benzaldehyd auf folgende Teilvorgänge zurückzuführen:

(I) . . . . $\quad P(C_2H_5)_3 + O_2 = PO_2(C_2H_5)_3$

(II) . . $PO_2(C_2H_5)_3 + C_6H_4\!\!\begin{array}{c}CO\\ \diagup\quad\diagdown\\ NH\end{array}\!\!CH - HC\!\!\begin{array}{c}CO\\ \diagup\quad\diagdown\\ NH\end{array}\!\!C_6H_4 =$

$$PO(C_2H_5)_3 + H_2O + C_6H_4\!\!\begin{array}{c}CO\\ \diagup\quad\diagdown\\ NH\end{array}\!\!C = C\!\!\begin{array}{c}CO\\ \diagup\quad\diagdown\\ NH\end{array}\!\!C_6H_4$$

oder

(I) . . . . $\quad C_6H_5 \cdot CHO + O_2 = C_6H_5 \cdot CH\!\!\begin{array}{c}O\\ \diagup\quad\diagdown\\ O\end{array}\!\!O$

(II) . . $C_6H_5 \cdot CH\!\!\begin{array}{c}O\\ \diagup\quad\diagdown\\ O\end{array}\!\!O + C_6H_4\!\!\begin{array}{c}CO\\ \diagup\quad\diagdown\\ NH\end{array}\!\!CH - HC\!\!\begin{array}{c}CO\\ \diagup\quad\diagdown\\ NH\end{array}\!\!C_6H_4 =$

$$C_6H_5 \cdot COOH + H_2O + C_6H_4\!\!\begin{array}{c}CO\\ \diagup\quad\diagdown\\ NH\end{array}\!\!C = C\!\!\begin{array}{c}CO\\ \diagup\quad\diagdown\\ NH\end{array}\!\!C_6H_4.$$

Stoffe, die nicht durch molekularen Sauerstoff, sondern durch den Sauerstoff der Moloxyde oxydiert werden, bezeichnet Engler als Akzeptoren. Im vorliegenden Falle spielt Indigweiß die Rolle des Akzeptors und wird durch den Sauerstoff der Moloxyde zu blauem Indigo oxydiert. In Abwesenheit von Indigweiß würde der Überschuß von Triäthylphosphin bzw. von Benzaldehyd die Rolle des Akzeptors spielen, da die Moloxyde nicht beständig sind und ein Sauerstoffatom auf irgendeine Weise abgeben müssen. Die Autoxydation von reinem Triäthylphosphin besteht aus folgenden Teilstufen:

$$\text{(I)} \dots \dots \text{P(C}_2\text{H}_5)_3 + \text{O}_2 = \text{PO}_2(\text{C}_2\text{H}_5)_3$$
$$\text{(II)} \dots \dots \text{PO}_2(\text{C}_2\text{H}_5)_3 + \text{P(C}_2\text{H}_5)_3 = 2\,\text{PO(C}_2\text{H}_5)_3;$$

also zusammengezogen:

$$2\,\text{P(C}_2\text{H}_5)_3 + \text{O}_2 = 2\,\text{PO(C}_2\text{H}_5)_3.$$

Ebenso vollzieht sich die Autoxydation des Benzaldehyds:

$$\text{(I)} \dots \dots \text{C}_6\text{H}_5 \cdot \text{CHO} + \text{O}_2 = \text{C}_6\text{H}_5 \cdot \text{CH}{\Big\langle}{\overset{\displaystyle\text{O}}{\underset{\displaystyle\text{O}}{}}}{\Big\rangle}\text{O}$$

$$\text{(II)} \dots \text{C}_6\text{H}_5 \cdot \text{CH}{\Big\langle}{\overset{\displaystyle\text{O}}{\underset{\displaystyle\text{O}}{}}}{\Big\rangle}\text{O} + \text{C}_6\text{H}_5 \cdot \text{CHO} = 2\,\text{C}_6\text{H}_5 \cdot \text{COOH}.$$

Oder, summarisch dargestellt:

$$2\,\text{C}_6\text{H}_5 \cdot \text{CHO} + \text{O}_2 = 2\,\text{C}_6\text{H}_5 \cdot \text{COOH}.$$

Es ist ausdrücklich zu betonen, daß die Bildung von Moloxyden bei den Autoxydationsvorgängen experimentell festgestellt ist. Ein Peroxyd des Triäthylphosphins von der Zusammensetzung $\overset{\displaystyle\text{O}}{\underset{\displaystyle\text{O}}{}}{\Big\rangle}\text{P(C}_2\text{H}_5)_3$ haben Engler und Weißberg[1]) bei der Autoxydation des Triäthylphosphins isoliert und dadurch bewiesen, daß der von van't-Hoff angenommene Mechanismus der Triäthylphosphinoxydation nicht existiert. Dieselben Forscher haben dargetan, daß entgegen der Meinung von Traube die Autoxydation von Triäthylphosphin bei vollkommenem Ausschluß von Wasser glatt vor sich geht. Auch eine Peroxydbildung bei der Autoxydation von Aldehyden wurde von verschiedenen Forschern festgestellt[2]).

---

[1]) Engler, A. und Weißberg: Ber. d. Dtsch. Chem. Ges. Bd. 31, S. 3055. 1898.

[2]) Erlenmeyer: Ber. d. Dtsch. chem. Ges. Bd. 27, S. 1959. 1894; Engler und Wild: Ebenda. Bd. 30, S. 1669. 1897; Bach: Monit. scient. (4) Tome 11 II, p. 479. 1897; Bodländer: Samml. chem. u. chem.-techn. Vorträge v. Arens. Bd. 3, S. 470. 1899.

Von den Konstitutionsformeln, die für Aldehydmoloxyde vorgeschlagen wurden, erwies sich diejenige von Bach[1]) als die zuver-
lässigste:

$$C_6H_5 \cdot CH \!<\!\!\!\begin{array}{c} O \\ O \end{array}\!\!\!> O.$$

Diese höchst labile Substanz von enorm hohem Oxydationspotential verwandelt sich spontan in eine stabilere Hydratform,
die noch immer ein bedeutendes Oxydationspotential behält und
von Bodländer für ein primäres Oxydationsprodukt gehalten
wurde:

$$C_6H_5 \cdot \overset{\|}{\underset{O}{C}} - O - OH.$$

Moloxyde verwandeln sich nämlich oft in Peroxydhydrate,
wobei unter Umständen eine Wasseranlagerung stattfindet:

$$A \!<\!\!\!\begin{array}{c} O \\ | \\ O \end{array} + H_2O \rightarrow A \!<\!\!\!\begin{array}{c} O - OH \\ OH. \end{array}$$

Die simultane Oxydation von Autoxydatoren und Akzeptoren
durch molekularen Luftsauerstoff ist ein sehr durchsichtiges Beispiel der gekoppelten Reaktionen. Bezeichnen wir den Autoxydator durch A und den Akzeptor durch B, so ist der allgemeine
Verlauf der gekoppelten Oxydation auf folgende Weise darzustellen:

$$(I) \ldots \ldots \ldots \ldots A + O_2 = AO_2$$
$$(II) \ldots \ldots \ldots AO_2 + B = AO + BO.$$

Dies ist ein einfacher Fall der chemischen Induktion. Die
an und für sich nicht ausführbare Reaktion der Oxydation von B
durch Luftsauerstoff wird durch simultan stattfindende Oxydation
von A in Gang gesetzt. Zuweilen geht der gesamte Sauerstoff
auf B über, und zwar in folgender Weise:

$$(I) \ldots \ldots \ldots \ldots A + O_2 = AO_2$$
$$(II) \ldots \ldots \ldots AO_2 + B = AO + BO$$
$$(III) \ldots \ldots \ldots AO + B = A + BO.$$

Es ist einleuchtend, daß nur die spezifischen Reaktionsgeschwindigkeiten der einzelnen Teilstufen dafür ausschlaggebend
sind, ob der Gesamtvorgang chemische Induktion oder Katalyse

[1]) Bach, A.: a. a. O.; Engler und Weißberg: Krit. Studien über die
Vorgänge der Autoxydation. 1904. S. 90; Luther und Schilow: Zeitschr.
f. physikal. Chem. Bd. 46, S. 811. 1903.

darstellt. Ist nämlich die Geschwindigkeit der Reaktion (II) größer als diejenige der Reaktion (III), so entsteht sowohl AO als BO beim Gesamtvorgang. Ist aber das Verhältnis der Reaktionsgeschwindigkeiten ein umgekehrtes, so bildet sich nur BO als Endprodukt der Oxydation, da in diesem Falle der Gesamtvorgang durch folgende Gleichung ausgedrückt wird:

$$A + 2\,B + O_2 = A + 2\,BO.$$

Dies ist ein typischer Fall der sogenannten „Katalyse durch Zwischenprodukte". Es ist ersichtlich, daß diese Art der Katalyse nichts anderes ist als ein spezieller Fall der chemischen Induktion.

Es muß jedoch darauf aufmerksam gemacht werden, daß Oxydationskatalysen in lebenden Pflanzenzellen allem Anschein nach nicht oder sehr selten vorkommen. Häufig findet aber im lebenden Plasma eine aus mehreren Teilstufen bestehende chemische Induktion statt. Es erweist sich nämlich oft die durch Moloxydbildung bewirkte Sauerstoffaktivierung als unzureichend: für die Oxydation bestimmter Akzeptoren ist eine weitere Steigerung des Oxydationspotentials notwendig; dieser Potentialhub [1] wird u. a. durch Bildung von sekundären Peroxyden hervorgerufen. Typische Fälle dieser Art von Koppelung sind Oxydationen in Gegenwart von Ferroion, wie z. B. die von Fenton [2] beschriebene Oxydation der Weinsäure durch Hydroperoxyd in Gegenwart von Ferrosalzen. Weinsäure wird von Hydroperoxyd nur sehr langsam angegriffen; nach Zusatz einer Spur von Ferrosulfat erfolgt aber eine schnelle Oxydation von Weinsäure zu Dioxymaleïnsäure. Manchot und Wilhelms [3] haben gefunden, daß bei derartigen Vorgängen eine Reduktion von Hydroperoxyd unter Bildung von sekundärem Eisenperoxyd Fe_2O_5 [4] stattfindet.

---

[1] Es ist praktisch gleichgültig, ob wir es hier mit einer wirklichen Potentialerhöhung oder mit einer Verringerung der passiven Widerstände zu tun haben. Letztere Annahme ist theoretisch wahrscheinlicher.

[2] Fenton: Journ. of the chem. soc. (London). Vol. 65, p. 899. 1895.

[3] Manchot und Wilhelms: Ber. d. Dtsch. Chem. Ges. Bd. 34, S. 2479. 1901.

[4] Nach Engler und Weißberg (Krit. Studien über die Vorgänge der Autoxydation. S. 104) ist die Konstitutionsformel dieses Peroxydes $\begin{smallmatrix} O \\ | \\ O \end{smallmatrix}\!\!>\!Fe - O - Fe\!<\!\!\begin{smallmatrix} O \\ | \\ O \end{smallmatrix}$; sie entspricht dem Hydrat $Fe(OH)_2 - O - OH$, welches 1 Atom aktivierten Sauerstoff enthält.

Das Eisenperoxyd oxydiert dann verschiedene Akzeptoren, die für Hydroperoxyd unangreifbar sind, da das Oxydationspotential von Eisenperoxyd weit höher liegt als dasjenige von Hydroperoxyd. Stellen wir uns die Oxydation von Weinsäure durch Luftsauerstoff vermittels der gekoppelten Reaktionen vor, so muß ein Potentialhub zweimal stattfinden: das erste Mal vom molekularen Sauerstoff zu Hydroperoxyd, dann aber von Hydroperoxyd zu Eisenperoxyd. Durch letztere Sauerstoffverbindung wird schließlich Weinsäure angegriffen:

$$(I) \ldots\ldots\ldots H + H + O_2 = H_2O_2$$
$$(II) \ldots\ldots 3\,H_2O_2 + Fe_2O_2 = Fe_2O_5 + 3\,H_2O$$
$$(III) \ldots Fe_2O_5 + 2\,COOH \cdot CHOH \cdot CHOH \cdot COOH =$$
$$Fe_2O_3 + 2\,COOH \cdot COH : COH \cdot COOH + 2\,H_2O.$$

Es ist ersichtlich, daß Eisenperoxyd zwei Atome aktivierten Sauerstoffs enthält, nach deren Abspaltung es zu Ferrioxyd reduziert wird. Beachtenswert ist der Umstand, daß Ferrioxyd sich nur sehr langsam durch Hydroperoxyd oxydieren läßt; das Eisenperoxyd regeneriert sich nicht mit einer zureichenden Geschwindigkeit und stellt also nicht einen Katalysator, sondern einen Induktor vor.

Nach Bach und Chodat [1]) vollzieht sich die physiologische Oxydation in Pflanzenzellen nach demselben Schema, welches von Bach, Engler und deren Mitarbeiter für die Vorgänge der langsamen Oxydation in vitro aufgestellt worden war. Aus obiger Darlegung ist ersichtlich, daß der Luftsauerstoff nach der Theorie von Bach-Engler nur durch Autoxydatoren (d. i. Stoffe, welche gesättigte Sauerstoffmoleküle $O = O$ in ungesättigte $-O-O-$ verwandeln) gebunden wird, und zwar unter Bildung von peroxydartigen Moloxyden. Nun ergab es sich, daß in lebenden Pflanzenzellen in der Tat peroxydartige Stoffe vorhanden sind [2]), die von Chodat und Bach als Oxygenasen bezeichnet wurden. Ob es sich hier um organische Peroxyde oder einfach um Hydroperoxyd handelt, scheint nicht von besonderer Wichtigkeit zu sein, da die hauptsächlichsten Oxydationen in der Pflanzenzelle

---

[1]) Bach: Cpt. rend. Tome 124, p. 954. 1897; Ber. d. Dtsch. Chem. Ges. Bd. 41, S. 216. 1908; Bach und Chodat: Ebenda. Bd. 35, S. 2466 u. 3943. 1902; Bd. 36, S. 601. 1903; Bd. 37, S. 36. 1904; Arch. des sciences physiques et natur. de Genève. Tome 17, p. 477. 1904 u. a.

[2]) Bach, A. und Schodat: a. a. O.; außerdem: Kastle and Loewenhardt: Americ. journ. of chem. Vol. 26, p. 539. 1901; Engler und Wöhler: Zeitschr. f. anorg. Chem. Bd. 29, S. 1. 1902.

erst nach sekundärer Aktivierung der Oxygenasen zustandekommen. Stoffe, die aktivierend auf Oxygenasen wirken, haben
Bach und Chodat als Peroxydasen bezeichnet und dabei angenommen, daß die Peroxydase in die Kategorie der Fermente zu
zählen ist. Doch hat Bach[1]) selbst Beweise dafür erbracht, daß
bei der Aktivierung von Oxygenasen der aktive Sauerstoff zur
Peroxydase hinüberwandert. Nachdem nun Kostytschew[2]) gefunden hat, daß Peroxydasepräparate ebenso wie Ferrosalze im
Manchotschen Schema schnell erschöpft werden und offenbar
nicht als Katalysatoren, sondern als Induktoren fungieren, liegt
die Annahme nahe, daß die Wirkung der Peroxydase derjenigen
des Ferroions durchaus analog ist. Diese Voraussetzung wird noch
durch den Befund[3]) bekräftigt, daß sowohl die aus verschiedenen
Pflanzen isolierten organischen Peroxyde, als auch Hydroperoxyd
von einem und demselben Peroxydasepräparat aktiviert werden.
Die so universale Peroxydasewirkung unterscheidet sich scharf
von der Wirkung der übrigen Fermente, ist aber ungezwungen
im Sinne der Koppelung durch eine Zwischenstufe des Induktors
zu erklären: von sämtlichen aktivierten Peroxyden wandert der
Sauerstoff zur Peroxydase hinüber, und es entsteht in sämtlichen
Fällen ein und derselbe Stoff, nämlich das Peroxydaseperoxyd.
Nur die chemische Natur dieses Peroxydes ist für die nachfolgende
Oxydation der Pflanzenstoffe von Belang, indes die Zwischen-
stufen der Sauerstoffaktivierung sehr verschiedenartig sein können.
Auch die Untersuchungen von Wolff[4]) haben eine auffallende
Ähnlichkeit zwischen Peroxydase- und Ferroionwirkung ans Tages-
licht gebracht. Mehr als eine Analogie darf man aber kaum an-
nehmen, da die neuesten bemerkenswerten Untersuchungen von
Willstätter und seinen Mitarbeitern[5]) über die präparative Dar-

<hr>

[1]) Bach, A.: Ber. d. Dtsch. Chem. Ges. Bd. 37, S. 3787. 1904; Bd. 38,
S. 1878. 1905; Bd. 40, S. 3185. 1907.

[2]) Kostytschew, S.: Zeitschr. f. physiol. Chem. Bd. 67, S. 116. 1910.

[3]) Chodat und Bach: Ber. d. Dtsch. Ges. Bd. 35, S. 3943. 1902; Bd. 36,
S. 1758. 1903; Engler, A. und Herzog: Zeitschr. f. physiol. Chem. Bd. 59,
S. 359. 1909.

[4]) Wolff, J.: Contrib. à la connaissance de divers phénomènes oxydasiques.
1910.

[5]) Willstätter, R. und A. Stoll: Liebigs Ann. d. Chem. Bd. 416, S. 21.
1918; Willstätter, R. und F. Racke: Ebenda. Bd. 425, S. 1. 1921; Bd. 427,
S. 111. 1922; Willstätter, R., Oppenheimer, T. und W. Steibelt:
Zeitschr. f. physiol. Chem. Bd. 110, S. 232. 1920; Willstätter, R. und

stellung von reinen Fermenten bereits zu einem vollkommen eisenfreien, und zwar sehr aktiven Peroxydasepräparat geführt haben.

Auf diese Weise sind die früher als „Oxydasen“ bezeichneten oxydierenden Agenzien des Zellplasmas nach den Untersuchungen von Bach, Chodat und ihren Anhängern nichts anderes als Systeme von Oxygenasen und Peroxydasen. Es ist zur Zeit nicht bekannt, ob die Potentialerhöhung der Oxygenasen in der lebenden Zelle nur einmal oder wiederholt stattfindet. Letztere Annahme ist jedenfalls nicht ausgeschlossen. So äußert sich darüber Bodländer[1]) folgendermaßen: „Durch den aktiven Sauerstoff der Superoxyde werden die schwer oxydierbaren Stoffe nicht vollkommen zu Kohlensäure und Wasser oxydiert. Es können hierbei aus ihnen Stoffe entstehen, die sich leicht oxydieren lassen und dadurch eine weitere Aktivierung des Sauerstoffs bewirken. Ein Beispiel hierfür geben die Alkohole, die an sich durch freien Sauerstoff nur langsam oxydiert werden, aber durch aktivierten Sauerstoff in Aldehyde übergehen, die bei ihrer Autoxydation andere inaktive Stoffe in den Oxydationsprozeß hineinziehen.“

Eine andere Schlußfolgerung, die aus neueren Untersuchungen über biochemische Oxydationsvorgänge gezogen werden kann, besteht darin, daß die genannten Vorgänge wahrscheinlich nicht auf Fermentwirkung, sondern auf chemische Induktionen (gekoppelte Reaktionen) zurückzuführen sind. Engler und Herzog[2]) äußern sich dahin, daß die Bedeutung der Fermente bei den biologischen Oxydationswirkungen stark überschätzt wird: „Jedenfalls wäre es völlig verfrüht, die autoxydablen Stoffe unter die Fermente zu reihen; ist doch die Unterordnung der als Oxydasen bezeichneten Agenzien unter die echten Fermente im Sinne von Katalysatoren vielleicht abzulehnen. Wahrscheinlich lehrt im

---

W. Steibelt: Ebenda. Bd. 111, S. 157. 1920; Willstätter, R. und R. Kuhn: Ebenda. Bd. 116, S. 53. 1921; Willstätter, R. und W. Csanyi: Ebenda. Bd. 117, S. 172. 1921; Willstätter, R., Graser, J. und M. Kuhn: Ebenda. Bd. 123, S. 1. 1922; Willstätter, R. und W. Wassermann: Ebenda. Bd. 123, S. 181. 1922; Willstätter, R. und E. Waldschmidt-Leitz: Ber. d. Dtsch. Chem. Ges. Bd. 54, S. 2988. 1921; Willstätter, R.: Ebenda. Bd. 55, S. 3601. 1922. (Sammelreferat.)

[1]) Bodländer: a. a. O.

[2]) Engler, A. und Herzog: Zeitschr. f. physiol. Chem. Bd. 59, S. 375. 1909.

Gegenteil gerade das weitere Studium der physiologischen Oxydation, daß nicht den Fermentvorgängen allein die beherrschende Bedeutung zukommt, die ihnen heute von der biochemischen Forschung zugeschrieben wird, sondern daß als neue Momente die gekoppelten Reaktionen aufzusuchen sind, denen der Organismus auch den ihm eigentümlichen Charakter des chemischen Regulationsmechanismus verdankt."

Als oxydierende Fermente oder sogenannte Oxydasen wurden von älteren Autoren folgende Stoffe beschrieben:

Laccase, aus japanischem Lackbaum von Yoshida und G. Bertrand[1]) dargestellt, war die erste bekanntgewordene Oxydase. Man hat sie alsdann in verschiedenen Kautschukbäumen aufgefunden[2]), und heute gilt sie als ein allgemein verbreitetes Ferment. Doch erwies sich die Laccase in einigen Fällen als ein Gemenge von Peroxydase und organischen Peroxyden; in anderen Fällen wurde sie nur durch verschiedene Farbenreaktionen identifiziert, wie z. B. durch Blaufärbung von Guajac-Harz usw. Aus vorstehender Darlegung ist aber ersichtlich, daß alle diese Farbenreaktionen wenig zuverlässig sind, da die Gegenwart von Autoxydatoren durch nichts anderes als gasometrische Bestimmungen der Sauerstoffabsorption aus der umgebenden Luft nachgewiesen werden kann. Die Farbenreaktionen sind aber manchmal wohl auf Übertragung des atomistischen Sauerstoffs zurückzuführen und haben also mit Aktivierung des molekularen Sauerstoffs gar nichts zu tun.

Tyrosinase, die Tyrosin zu braunen Pigmenten oxydiert, wurde von Bourquelot und Bertrand[3]) entdeckt und scheint einen spezifischen Sauerstoffaktivator darzustellen. Nach Bach

---

[1]) Yoshida: Journ. of the Americ. chem. soc. Vol. 43, p. 472. 1883; Bertrand, G.: Cpt. rend. Tome 118, p. 1215. 1894; Tome 120, p. 266. 1895; Tome 121, p. 166. 1895; Tome 122, p. 1132. 1896; Tome 145, p. 340. 1907; Bull. de la soc. de chim.-biol. (4) Tome 1, p. 1120. 1907.

[2]) Spence, D.: Biochem. Journ. Bd. 3, S. 165, 351. 1908; Cayla, V.: Bull. de la soc. de chim.-biol. Tome 65, p. 128. 1908 u. a.

[3]) Bourquelot, E. et G. Bertrand: Journ. de pharmacie et de chim. (6) Tome 3, p. 177. 1896; Bull. de la soc. mycol. 1896. p. 18, 27; 1897. p. 65; Gessard: Cpt. rend. des séances de la soc. de biol. (10) Tome 5, p. 1033. (1898); Bertrand, G.: Cpt. rend. Tome 122, p. 1215. 1896; Tome 123, p. 463. 1896; Bertrand, G. et Mutermilch: Ebenda. Tome 144, p. 1285. 1907; Ann. de l'inst. Pasteur. Tome 21, p. 833. 1907; Zerban, F. W.: Journ. ind. eng. chem. Vol. 10, p. 814. 1918.

und Chodat[1]) besteht Tyrosinase immer aus den üblichen Komponenten, namentlich aus Oxygenase und Peroxydase.

Oenoxydase[2]) wurde in fleischigen Früchten entdeckt und scheint ebenfalls keinen einheitlichen Stoff vorzustellen. Deshalb sind wir wohl berechtigt, den Schluß zu ziehen, daß die Existenz spezifischer oxydierender Fermente im Sinne der Katalysatoren durchaus nicht bewiesen ist, wie es auch Engler und Herzog hervorheben.

Eine ganz andere Theorie der Oxydationsvorgänge wurde von Wieland[3]) entwickelt. Nach Wielands Ansichten wird für sämtliche biologische Oxydationen der Sauerstoff des Wassers verwertet; der Luftsauerstoff dient nur dazu, den Wasserstoff des Wassers zu binden. Überhaupt nimmt Wieland an, daß Oxydationen immer von simultanen Reduktionswirkungen begleitet sind, da immer nur Wasserstoff und nicht molekularer Sauerstoff aktiviert sei. Letzterer soll sich durchaus passiv verhalten und keine ungesättigten Moleküle bilden. Die Oxydation ist nach Wieland einzig und allein auf Bildung von aktivem atomistischen Wasserstoff zurückzuführen. Wird der aktive Wasserstoff des Wassers von einem Wasserstoffakzeptor gebunden, so kann der übriggebliebene ungesättigte Sauerstoff des Wassers mit verschiedenen Stoffen Verbindungen eingehen; als Wasserstoffakzeptoren können entweder Luftsauerstoff oder verschiedene andere Stoffe dienen. In letzterem Falle ist es möglich, verschiedene Oxydations- und Reduktionswirkungen bei Luftabschluß auszuführen. So hat Wieland dargetan, daß Essigsäuregärung, die gewöhnlich als eine Oxydation des Äthylalkohols durch Luftsauerstoff aufgefaßt wird, in Gegenwart von Methylenblau oder m-Dinitrobenzol bei vollkommenem Sauerstoffabschluß glatt vor sich geht. Ein Gleichgewichtszustand ist bei diesen Verhältnissen nach Wieland deshalb ausgeschlossen, weil der aktive Wasserstoff fortwährend gebunden wird. Was nun die Wirkungsweise von Peroxydasen anbelangt, so nimmt Wieland an, daß diese Fermente nur den

---

[1]) Bach, A.: Ber. d. Dtsch. Chem. Ges. Bd. 39, S. 2126. 1906; Chodat et Staub: Arch. de sciences physiques et natur. Genève. (4) Tome 23, p. 265. 1907 u. a.

[2]) Laborde: Cpt. rend. Tome 126, p. 536. 1898; Cazeneuve: Ebenda. Tome 124, p. 406 et 751. 1907; Bouffard: Ebenda. Tome 124, p. 706. 1907.

[3]) Wieland, H.: Ber. d. Dtsch. chem. Ges. 45, S. 2606. 1912; Bd. 46, S. 3327. 1913; Bd. 47, S. 2085. 1914; Bd. 55, S. 3639. 1922.

Wasserstoff der Polyphenole aktivieren und seine Oxydation durch Luftsauerstoff ermöglichen. Es muß in der Tat darauf aufmerksam gemacht werden, daß die bisher aus Pflanzen dargestellten Peroxydasepräparate nur den Wasserstoff der Phenole oxydieren, aber nicht imstande sind, Kohlenstoffketten zu sprengen und überhaupt den Sauerstoff der Peroxyde mit Kohlenstoff zu verbinden. Die Theorie von Wieland ist mit Erfolg auf solche Fälle anzuwenden, wo die Oxydation ganz oder teilweise auf Wasserstoffabspaltung zurückzuführen ist. Sie leistet dann gute Dienste und vermag Vorgänge zu erklären, die der Theorie von Bach - Engler Schwierigkeiten bereiten. Hierzu gehört z. B. folgende von Thunberg[1]) beschriebene merkwürdige Oxydation. Bernsteinsäure wird in Gegenwart von Muskelextrakt und Methylenblau (M) als Wasserstoffakzeptor glatt in Fumarsäure übergeführt:

$$COOH \cdot CH_2 \cdot CH_2 \cdot COOH + M = COOH \cdot CH : CH \cdot COOH + MH_2.$$

Weiterhin kann Fumarsäure durch Wasseranlagerung in Äpfelsäure übergehen.

$$COOH \cdot CH : CH \cdot COOH + H_2O = COOH \cdot CH_2 \cdot CHOH \cdot COOH \cdot$$

Auf diese Weise ist es möglich, eine ganze Reihe von biochemischen Reaktionen zu erläutern, die mit einer Übertragung von Wasserstoff bzw. Sauerstoff verbunden sind. Es muß aber im Auge behalten werden, daß die Wielandsche Theorie kaum imstande ist, sämtliche Oxydationsvorgänge in Pflanzenzellen ganz einwandfrei zu erklären. Wieland[2]) selbst drückt sich jedoch dahin aus, daß seiner Theorie eine allgemeine Gültigkeit zukomme und die Bach - Englersche Theorie als überwunden aufzugeben sei.

Doch ist der Umstand nicht außer acht zu lassen, daß zugunsten der Theorie von Bach Engler zwei experimentell festgestellte wichtige Tatsachen sprechen und zwar: I. Bildung von Moloxyden bei der Autoxydation einiger organischer Stoffe und II. Aktivierung von Hydroperoxyd und verschiedenen anderen Peroxyden durch Peroxydasen. Die Wielandsche Theorie kann dagegen einige Fälle der Sauerstoffanlagerung nur problematisch erläutern. So versucht z. B. Wieland die Autoxydation der Aldehyde zu Carbonsäuren auf Kosten des Wassersauerstoffs durch intermediäre Bildung von Aldehydhydraten zu erklären:

---

[1]) Thunberg: Skandinav. Arch. f. Physiol. Bd. 30, S. 285. 1913.

[2]) Wieland, H.: Ber. d. Dtsch. Chem. Ges. Bd. 55, S. 3639. 1922.

$$CH_3 \cdot CHO + H_2O = CH_3 \cdot CH(OH)_2$$
$$CH_3 \cdot CH(OH)_2 = CH_3 \cdot COOH + 2\,H$$
$$2\,H + O = H_2O.$$

Diese Erklärung begründet Wieland darauf, daß Essigsäurebakterien bei Sauerstoffabschluß Äthylalkohol über die Zwischenstufe von Acetaldehyd zu Essigsäure oxydieren, wenn der abgespaltene aktive Wasserstoff durch Methylenblau gebunden wird. Die erste Stufe (Oxydation von Äthylalkohol zu Acetaldehyd) ist in der Tat bei Sauerstoffabschluß nur durch Wasserstoffaktivierung verständlich zu machen:

$$CH_3 \cdot CH_2OH = CH_3 \cdot CHO + H + H \cdot$$

Auch die zweite Stufe (Oxydation von Acetaldehyd zu Essigsäure) ist, Wielands Meinung nach, darauf zurückzuführen, daß zuerst Aldehydhydrat entsteht, der alsdann infolge der Wasserstoffaktivierung atomistischen Wasserstoff abspaltet und in Essigsäure übergeht. Da bei seinen Versuchsverhältnissen kein Luftsauerstoff in Mitleidenschaft gezogen werden konnte, so behauptet Wieland, daß die von ihm gegebene Erklärung der Essigsäurebildung die einzige mögliche ist. Nicht nur möglich, sondern wahrscheinlicher, als die Wielandsche problematische Hydratspaltung ist jedoch die Umwandlung des Acetaldehyds nach Cannizzaro:

$$2\,CH_3 \cdot CHO = CH_3 \cdot CO \cdot O \cdot CH_2 \cdot CH_3$$
$$CH_3 \cdot CO \cdot O \cdot CH_2 \cdot CH_3 + H_2O = CH_3 \cdot COOH + CH_3 \cdot CH_2OH.$$

Der Äthylalkohol geht wieder in Acetaldehyd über und schließlich kann die Gesamtmenge von Alkohol sich in Essigsäure verwandeln. Nun hat Tistschenko[1]) außer Zweifel gestellt, daß die Cannizzarosche Reaktion bei absoluter Abwesenheit von Wasser zustandekommt und auf intermediärer Esterbildung beruht (bei Wasserabschluß führt die Reaktion nur zur Esterbildung). Die Umwandlung von Aldehyd in Säure nach Cannizzaro ist also keineswegs auf intermediäre Bildung von Aldehydhydrat zurückzuführen.

Aus vorstehend Dargelegtem ist ersichtlich, daß die Bildung von Aldehydhydraten bei der Oxydation von Aldehyden nicht wahrscheinlich ist, um so mehr, als bei Sauerstoffzutritt nachweislich Aldehydperoxyde als intermediäre Produkte entstehen. Bei Sauerstoffabschluß finden allem Anschein nach ganz andere Vorgänge

---

[1]) Tistschenko, W.: Wirkung von Aluminiumalkoholaten auf Aldehyde. 1906. Russisch. Vgl. auch Chem. Zentralbl. 1906.

statt als bei Sauerstoffzutritt: Aldehyde verwandeln sich in Alkohole und Säuren nach Cannizzaro.

Obige Einwände verfolgen nicht den Zweck, die Wielandsche Theorie[1]) abzulehnen; sie sollen nur zeigen, daß in einigen Fällen die Bach - Englersche Theorie den Vorzug verdient. Bei biologischen Oxydationsvorgängen kommt wahrscheinlich sowohl Wasserstoffaktivierung als Sauerstoffaktivierung zustande und in einigen Fällen verläuft die Oxydation nach dem Bach - Englerschen, in anderen Fällen aber nach dem Wielandschen Schema.

3. Das Atmungsmaterial.

Als Atmungsmaterial der Pflanzen dienen gärungsfähige Zuckerarten. In Betreff der Samenpflanzen ist diese Tatsache durch eine große Anzahl von eindeutigen experimentellen Ergebnissen bewiesen. Boussingault[2]) hat durch zahlreiche Elementaranalysen dargetan, daß bei der Atmung von Keimpflanzen namentlich Kohlenhydrate verschwinden. Borodin[3]) zeigte, daß Laubsprosse nach einem Verweilen am Lichte energischer atmen, was zweifellos darauf zurückzuführen ist, daß am Lichte Atmungsmaterial in Form von Kohlenhydraten entsteht. Palladin[4]) hat nachgewiesen, daß etiolierte Bohnenblätter, die sehr geringe Mengen von löslichen Kohlenhydraten enthalten, viel energischer atmen nach einem Verweilen auf Zuckerlösungen, wobei sie bedeutende Mengen des gelösten Zuckers aufnehmen. Ein Aufschwung der Sauerstoffatmung nach Zuckergabe wurde auch von

---

[1]) Vgl. auch die wichtigen Einwände O. Warburgs (Biochem. Zeitschr. Bd. 142, S. 518. 1923) gegen Wielands Theorie. Nach Warburgs eigener Theorie (l. c. und die dort zitierten älteren Arbeiten) ist die Atmung an die „festen" Zellbestandteile geknüpft, deren Oberflächen katalytisch durch den Eisengehalt gewisser Bezirke derselben, und zwar durch adsorptive Bindung und Aktivierung des molekularen Sauerstoffs wirken sollen. Die Theorie ist sicherlich höchst beachtenswert. Da sie vorerst aber nur durch Versuche mit Tierzellen und anorganischen „Modellen" gestützt wird, so ist sie im Text unberücksichtigt geblieben.

[2]) Boussingault, J. B.: Agronomie, chimie agricole et physiologie. Tome 4, p. 245. 1868.

[3]) Borodin, J.: Physiol. Untersuch. über die Atmung der Laubsprosse. 1876. Russisch.

[4]) Palladin, W.: Rev. gén. de botan. Tome 5, p. 449. 1893; Tome 6, p. 201. 1894; Tome 13, p. 18. 1901 u. a.

Kostytschew [1]) bei Weizenkeimen wahrgenommen. In einigen besonders energisch atmenden Pflanzenorganen ist ein enormer Zuckerverbrauch bemerkbar. Dies ist z. B. der Fall bei der Atmung der Blütenkolben von Arum, die eine große Wärmemenge entwickeln [2]). Die Zahl der Tatsachen, welche eine energische Zuckeroxydation bei der Atmung ans Tageslicht bringen, könnte noch vermehrt werden; es genügt aber, auf die soeben zitierte Literatur hinzuweisen.

Trotzdem hat Detmer [3]) vor Jahren eine Theorie vorgeschlagen, welche annimmt, daß als unmittelbares Atmungsmaterial die „lebenden" Eiweißstoffe des Plasmas fungieren. Die Zuckerarten sollen nach Detmer nur zur Regenerierung der veratmeten Eiweißstoffe verbraucht werden. Dieser Annahme widerspricht eine Fülle von neuerdings außer Zweifel gestellten Tatsachen. Sie bietet zur Zeit nur historisches Interesse dar, und zwar als Erläuterung der starken Überschätzung der Rolle der Eiweißstoffe im physiologischen Stoffwechsel, die am Ende des 19. Jahrhunderts sehr verbreitet war. Es wurde allgemein (und zwar ohne tatsächliche Gründe) angenommen, daß Eiweißstoffe den wichtigsten aktiven Bestandteil des Plasmas ausmachen und also an sämtlichen Stoffumlagerungen teilnehmen. Das Leben wurde als eine kontinuierliche Zerstörung und Regeneration des plasmatischen Zellgerüstes und namentlich der „lebenden" Eiweißstoffe betrachtet [4]). Darüber schreibt Pfeffer [5]) in seinem Lehrbuch der Pflanzenphysiologie wohl zutreffend: „Übrigens ist wohl zu beachten, daß in allem Wechsel und Verändern das spezifische Gefüge der aufbauenden Protoplasmaelemente sich erhalten muß und also in und durch die Atmung nicht irreparabel gelockert und gelöst werden darf. In allen diesen Erwägungen ist es jedenfalls ungerechtfertigt, sich mit der hypothetischen Forderung zu beruhigen, die Zertrümmerung der Proteinstoffe und der Plasmaelemente sei für den Betriebsstoffwechsel unerläßlich."

Die neueren biochemischen Untersuchungen ergaben in der Tat, daß Zuckerarten bedeutend leichter oxydierbar sind als

---

[1]) Kostytschew, S.: Biochem. Zeitschr. Bd. 15, S. 164. 1908; Physiol.-chem. Untersuch. über Pflanzenatmung. 1910. Russisch.

[2]) Kraus, G.: Ann. jard. botan. Buitenzorg. Tome 13, p. 217. 1896 u. a.

[3]) Detmer: Jahrb. f. wiss. Botanik. Bd. 12, S. 287. 1879; Ber. d. botan. Ges. Bd. 10, S. 201, 442. 1892; Lehrb. d. Pflanzenphysiol. 1883. S. 153.

[4]) Pflüger: Pflügers Arch. f. d. ges. Physiol. Bd. 10, S. 251, 641. 1875 u. a.

[5]) Pfeffer, W.: Pflanzenphysiol. 2. Aufl. Bd. 1, S. 533. 1897.

Eiweißstoffe. Die modernen Theorien der biologischen Oxydationsvorgänge ermöglichen eine befriedigende Erklärung für die Zuckerveratmung zu liefern, und zwar im Zusammenhange mit der Theorie der Anteilnahme von Gärungsfermenten am normalen Atmungsvorgange. Die Theorie des Zusammenhanges der anaeroben mit der normalen Atmung steht selbstverständlich mit Detmers Ansichten im direkten Widerspruche. Letztere gründen sich auf keine einzige experimentell festgestellte Tatsache und sind mit vielen experimentellen Ergebnissen unvereinbar. Es ist dies ein Beispiel dafür, daß auch in neuerer Zeit, ebenso wie am Anfang des 19. Jahrhunderts, rein spekulative Theorien in der Wissenschaft erscheinen können.

In den Samenpflanzen sind fast alle lebenden Zellen mit einem Vorrat von Zuckerarten oder anderen Kohlenhydraten versehen. Sämtliche Polysaccharide, wie Stärke, Hemicellulosen, Inulin, sowie die Glucoside zerfallen leicht im Plasma durch Einwirkung von spezifischen Fermenten unter Bildung von einfachen Zuckern, namentlich von Glucose und Fructose, die als direktes Atmungsmaterial einer oxydativen Spaltung anheimfallen.

Zuckerarten und Polysaccharide sind auch in verschiedenen niederen Pflanzen in großen Mengen vorhanden. Stärke ist in höheren Pilzen oft durch Glykogen ersetzt, von den Disacchariden ist in Pilzen Trehalose besonders verbreitet. Auch in diesen Pflanzen fehlt also nie ein Vorrat von Atmungsmaterial, das durch hydrolytische Spaltung gärungsfähige Hexosen liefert.

Sowohl in chlorophyllhaltigen als in chlorophyllfreien Pflanzen ist das vorrätige Atmungsmaterial außerdem oft in Form von Fett abgelagert. Der Übergang von Fett in Zucker ist ein Vorgang, der zwar künstlich noch nicht ausgeführt worden ist, aber in lebenden Pflanzenzellen glatt von statten geht [1]). Die Fettveratmung ist mit einem verhältnismäßig niedrigen Werte von $\dfrac{CO_2}{O_2}$ verbunden [2]) und vollzieht sich zweifellos über die Zwischenstufe von Zucker.

---

[1]) **Leclere du Sablon:** Cpt. rend. Tome 117, p. 524. 1893; Tome 119, p. 610. 1894; **Maquenne:** Ebenda. Tome 127, p. 625. 1908. Über Fettveratmung durch niedere Pilze vgl. **Flieg, O:** Jahrb. f. wiss. Botan. Bd. 61, S. 24. 1922.

[2]) **Godlewski, E.:** Jahrb. f. wiss. Botanik. Bd. 13, S. 524. 1882.

Viele saprophytische Pilze und Bakterien können auf Lösungen von verschiedenen organischen Stoffen ganz gut gedeihen und die genannten Stoffe im Atmungsvorgange verbrauchen. Hier taucht die Frage auf, ob alle diese Stoffe über die Zwischenstufe von Zucker verarbeitet werden, oder ob auf bestimmten Nährlösungen bestimmte „Garnituren" der Fermente in Mikroorganismen entstehen und infolgedessen ein jeder Nährstoff auf eine spezifische Weise durch jeweilige Fermente zerlegt und oxydiert wird. Eine Lösung dieser Frage ergaben die neuesten Untersuchungen von Kostytschew und Afanassjewa[1]). Sind die Oxydationsvorgänge beim Schimmelpilz Aspergillus niger durch Sauerstoffmangel oder gar Sauerstoffabschluß gehemmt, so erscheint Zucker in der Nährlösung bei Ernährung mit Mannit, Glycerin, Chinasäure, Weinsäure und Milchsäure. Ein Teil des aus den genannten Stoffen gebildeten Zuckers wird zu Äthylalkohol und Kohlendioxyd bei Sauerstoffmangel vergoren; dies ist ein neuer Beweis dafür, daß die Veratmung verschiedener stickstofffreier organischer Stoffe nicht nur über Zucker als Zwischenstufe, sondern auch durch dieselben gekoppelten Reaktionen, die bei Zuckerernährung stattfinden, bewerkstelligt wird[2]). Diese Ergebnisse stehen im Einklang mit den älteren Angaben von Czapek[3]) und anderen Forschern über den relativen Wert verschiedener Kohlenstoffquellen für die Ernährung der Pilze. Es ist nämlich bekannt, daß höherwertige Alkohole, namentlich aber sechswertige, wie Mannit und Sorbit, vorzügliche Kohlenstoffquellen darstellen; desgleichen auch Oxysäuren. Stoffe mit nicht oxydierten Kohlenstoffatomen sind ein weniger geeignetes Atmungsmaterial. So wird z. B. Propionsäure schwerer verarbeitet als Milchsäure, letztere aber schwerer als Weinsäure. Stoffe mit einer langen, unverzweigten Kohlenstoffkette werden leichter assimiliert und veratmet als Stoffe mit kurzer oder verzweigter Kohlenstoffkette; aromatische Verbindungen zeichnen sich durch einen besonders

---

[1]) Kostytschew, S.: Zeitschr. f. physiol. Chem. Bd. 111, S. 236. 1920; Kostytschew, S. und M. Afanassjewa: Jahrb. f. wiss. Botanik. Bd. 60, S. 628. 1921.

[2]) Hierdurch wird die ältere Diakonowsche Theorie endgültig widerlegt. Es ist nicht der geringste Unterschied zwischen den Produkten der anaeroben Atmung bei Ernährung mit Zucker einerseits und mit stickstofffreien Nichtzuckerstoffen andererseits zu verzeichnen.

[3]) Czapek, F.: Hofmeisters Beitr. Bd. 1, S. 538. 1902; Bd. 2, S. 584. 1902; Bd. 3, S. 62. 1902.

schlechten Nährwert aus; dagegen sind hydroaromatische Alkohole wie Inosit und Quercit sehr gut assimilierbar. Alle diese Regelmäßigkeiten werden dadurch leicht begreiflich, daß der relative Wert verschiedener Kohlenstoffquellen von der leichten bzw. schweren Umwandlung in gärungsfähige Zuckerarten abhängt. Kostytschew[1]) hat den auf Weinsäure, Glycerin, Chinasäure und Milchsäure gebildeten Zucker als Glucose identifiziert; auf Mannitlösungen scheint Fruktose sich anzuhäufen.

Auf diese Weise stellen gärungsfähige Zuckerarten ein allgemein verbreitetes Atmungsmaterial dar. Es scheint aber noch eine andere Art der Pflanzenatmung zu existieren, namentlich diejenige auf Kosten des Plasmaeiweißes, die in hungernden Zellen zum Vorschein kommt. Es muß sogleich betont werden, daß diese mit der in Detmers Theorie angenommenen nichts zu tun hat. Detmer nimmt eine Dissoziation und Oxydation des Plasmaeiweißes gerade unter solchen Verhältnissen an, wo eine direkte Analyse nur den Zuckerverbrauch aufzeigt. Eine Zertrümmerung der Eiweißstoffe ist in Gegenwart von Zucker rein hypothetisch, während Detmer den normalen Typus der Pflanzenatmung durch diese Theorie erklären will. In Wahrheit findet eine merkbare Veratmung der Eiweißstoffe nur bei Zuckermangel statt, wie z. B. in etiolierten Bohnenblättern[2]). Hierbei ist die Atmung bedeutend schwächer als unter normalen Lebensverhältnissen.

Kostytschew und Afanassjewa[3]) haben gefunden, daß Aspergillus niger mit Pepton als Kohlenstoffquelle ernährt, sich eigentümlich verhält. Bei Sauerstoffabschluß entsteht in Peptonkulturen weder Zucker noch Alkohol; diese Kulturen sind allem Anschein nach überhaupt zymasefrei, da sie auch den zugesetzten Zucker nicht vergären. Vorstehend wurde bereits darauf hingewiesen, daß Zymase in diesen Kulturen erst nach kurzdauerndem Verweilen an der Luft in Gegenwart von Zucker entsteht.

Da Peptonkulturen von Aspergillus niger bei Sauerstoffabschluß CO_2 abscheiden, aber weder Zucker noch Alkohol bilden, so liegt die Annahme nahe, daß die Sauerstoffatmung dieser Kulturen eigenartig ist und sich von der gewöhnlichen

---

[1]) Kostytschew, S.: Zeitschr. f. physiol. Chem. Bd. 111, S. 236. 1920.
[2]) Palladin, W.: Rev. gén. de botan. Tome 5, p. 449. 1893; Tome 6, p. 201. 1894; Tome 13, p. 18. 1901.
[3]) Kostytschew, S. und M. Afanassjewa: a. a. O.

Zuckerveratmung prinzipiell unterscheidet. Auf Grund dieser Ergebnisse nimmt Kostytschew an, daß zwei Arten der Pflanzenatmung existieren, namentlich „Zuckeratmung" und „Eiweißatmung". Erstere stellt die allgemein verbreitete Atmung dar und vollzieht sich unter Anteilnahme der Fermente der alkoholischen Gärung. Letztere wird nur nach Erschöpfung des Vorrates an Kohlenhydraten in Betrieb gesetzt und findet ohne Betätigung der Gärungsfermente statt. Die chemische Seite der hierbei verlaufenden Stoffumwandlungen ist zur Zeit völlig unbekannt. Peptonkulturen der Schimmelpilze stellen ein günstiges Versuchsmaterial zum Studium der Eiweißatmung dar, da sie vollkommen zuckerfrei sind, aber dennoch nicht im hungernden Zustande untersucht wurden.

4. Das Wesen des Zusammenhanges zwischen den anaeroben Spaltungsvorgängen und der nachfolgenden Oxydation der Spaltungsprodukte.

Diese Frage kann nur in bezug auf die „Zuckeratmung" erörtert werden, da die chemische Seite der „Eiweißatmung" noch völlig unbekannt ist.

Es ist kaum zweifelhaft, daß bei Pflanzen, die auf Kosten von Zucker atmen, die anaerobe Atmung im wesentlichen eine alkoholische Gärung darstellt. Vorstehend wurde der Umstand hervorgehoben, daß die Größe von CO_2/C_2H_5OH derjenigen der alkoholischen Hefegärung oft nicht entspricht; in allen derartigen Fällen ist ein Überschuß an CO_2 zu verzeichnen. In extremen Fällen unterbleibt die Alkoholbildung vollkommen. Diese Umstände lassen sich jedoch auf folgende Weise erklären:

I. Gleichzeitig mit der Zuckeratmung findet auch Eiweißatmung statt. In Peptonkulturen von Aspergillus niger ist die gesamte bei Sauerstoffabschluß produzierte CO_2-Menge auf Eiweißatmung zurückzuführen; bei einigen anderen Pflanzen entsteht möglicherweise ein Teil der gesamten CO_2-Menge bei Sauerstoffabschluß aus Spaltungsprodukten der Eiweißstoffe.

II. Die abnorme Größe von CO_2/C_2H_5OH hängt damit zusammen, daß entweder ein Teil des gebildeten Alkohols infolge Esterbildung und ähnlicher Vorgänge verschwindet oder die Vorstufe der Alkoholbildung sich etwas abweichend gestaltet und infolgedessen zum Schluß nicht Äthylalkohol, sondern andere Produkte ergibt.

Es ist also ersichtlich, daß die erste Phase der Zuckeratmung im großen ganzen nichts anderes ist als alkoholische Gärung. Nun hat Kostytschew[1]) dargetan, daß Äthylalkohol durch verschiedene Samenpflanzen entweder gar nicht oder nur unvollständig oxydiert werden kann und jedenfalls nicht als ein Zwischenprodukt der Sauerstoffatmung anzusehen ist. Dasselbe Resultat ergaben auch die älteren Untersuchungen von Mazé und Perrier[2]), die den Zweck hatten, die Assimilierbarkeit von Äthylalkohol durch Samenpflanzen zu prüfen. Es zeigte sich, daß Äthylalkohol durch Laubzweige teils verestert, teils bei der Transpiration abgeschieden, aber weder oxydiert noch assimiliert wird.

Weitere Untersuchungen von Kostytschew und seinen Mitarbeitern[3]) zeigten, daß angegorene Zuckerlösungen eine enorm große Steigerung der Atmungsenergie von verschiedenen Samenpflanzen, namentlich aber von Weizenkeimen hervorrufen. Dies kann darauf hindeuten, daß in angegorenen Zuckerlösungen leicht oxydierbare Zwischenprodukte der alkoholischen Gärung enthalten sind. Unter diesen Stoffen kann Hexosephosphorsäure nach Kostytschews Versuchen nicht ein Zwischenprodukt der Sauerstoffatmung sein, da reine Präparate dieser Substanz keine Steigerung der Sauerstoffatmung bewirken.

Die soeben beschriebenen Ergebnisse können selbstverständlich auch auf eine andere Weise interpretiert werden, wie es u. a. Meyerhof[4]) tut, der eine Steigerung der Atmung von Tiergeweben durch Gärungsprodukte und Hefenextrakte wahrgenommen hat. Es könnte nämlich die stimulierende Wirkung der angegorenen Lösungen darauf beruhen, daß darin Kofermente oder Vitamine enthalten sind, die auf Fermente der Samenpflanzen eine Wirkung ausüben. Kostytschew[5]) hat aber außerdem eine Veränderung der Peroxydasewirkung durch angegorene Zuckerlösungen erzielt. Es ist schon längst bekannt, daß Peroxydase-

<hr>

[1]) Kostytschew, S.: Biochem. Zeitschr. Bd. 15, S. 164. 1908; Journ. d. russ. botan. Ges. Bd. 1, S. 182. 1916.

[2]) Mazé, P. et Perrier: Ann. de l'inst. Pasteur. Tome 18, p. 740. 1904.

[3]) Kostytschew, S.: Biochem. Zeitschr. Bd. 15, S. 164. 1908; Bd. 23, S. 137. 1909; Ber. d. botan. Ges. Bd. 31, S. 422 u. 432. 1913; Kostytschew, S. nnd A. Scheloumow: Jahrb. f. wiss. Botanik. Bd. 50, S. 157. 1911.

[4]) Meyerhof, O.: Zeitschr. f. physiol. Chem. Bd. 101, S. 165. 1918; Bd. 102, S. 1. 1918.

[5]) Kostytschew, S.: Zeitschr. f. physiol. Chem. Bd. 67, S. 116. 1910.

präparate aus verschiedenen Samenpflanzen eine beschränkte, spezifische oxydierende Wirkung aufweisen: sie sind nur imstande, Phenolgruppen zu oxydieren; so wird z. B. Hydrochinon durch H_2O_2 und Peroxydase zu Chinon oxydiert, unter Bildung von Wasser, nicht aber von CO_2. Die Unmöglichkeit, mit Hilfe der oxydierenden Pflanzenfermente irgendeinen Pflanzenstoff unter CO_2-Bildung zu oxydieren, bereitete einer jeden Theorie, welche die Anteilnahme der Peroxydase am Atmungsvorgange voraussetzt, große Schwierigkeiten. Bertrand, Portier und Porodko[1]) behaupteten sogar, daß die oxydierenden Fermente der Pflanzen mit der Atmung nichts zu tun haben, da sie durchaus nicht imstande sind, das eigentliche Atmungsmaterial anzugreifen, und dieser Meinung haben sich verschiedene andere Forscher angeschlossen. Die Versuche von Kostytschew ergaben jedoch, daß bei Einwirkung des Systems Peroxydase + Hydroperoxyd auf angegorene Zuckerlösungen eine ausgiebige CO_2-Abscheidung stattfindet. Dasselbe System, Peroxydase + H_2O_2, ist aber durchaus nicht imstande, gelösten Zucker unter CO_2-Bildung zu zerlegen. Auf diese Weise ist es zum ersten Male gelungen, mit Hilfe von Peroxydase Pflanzenstoffe (deren chemische Natur allerdings nicht festgestellt ist) außerhalb der lebenden Zelle unter CO_2-Bildung zu oxydieren und also die Anteilnahme der Peroxydase am Atmungsvorgange wahrscheinlich zu machen. Daß dieses Ergebnis zugunsten der Theorie des Zusammenhanges der alkoholischen Gärung mit der Sauerstoffatmung spricht, ist ja einleuchtend. Ob man mit Meyerhof die Einwirkung von Hefeextrakten und angegorenen Lösungen auf Erhöhung der Tätigkeit von Atmungsfermenten durch spezifische Kofermente zurückführt, oder mit Kostytschew die Anwesenheit von leicht oxydablen Stoffen in angegorenen Zuckerlösungen voraussetzt, ist im Prinzip gleichgültig: in beiden Fällen ist ein Zusammenhang zwischen Gärung und Atmung naheliegend. Folgendes Ergebnis könnte noch zugunsten der letzteren Deutung angeführt werden: Es zeigte sich[2]), daß angegorene Lösungen auch in Gegenwart von Ferrosalz und Hydroperoxyd beträchtliche CO_2-Mengen abscheiden, während andererseits das System

[1]) Bertrand, G.: Cpt. rend. Tome 122, p. 1132. 1896; Portier: Les oxydases dans la série animale. 1897; Porodko: Beih. z. Botan. Zentralbl. Bd. 16, S. 1. 1904.

[2]) Kostytschew, S.: a. a. S.

Ferrosalz + Hydroperoxyd nicht imstande ist, Pflanzeneiweiß unter CO_2-Bildung zu oxydieren. Es ist allerdings die Annahme nicht ausgeschlossen, daß die in gegorenen Lösungen befindlichen Kofermente nicht nur das Oxydationspotential der Peroxydase, sondern auch dasjenige des Ferroions erhöhen.

Aus vorstehend Dargelegtem ist also ersichtlich, daß verschiedene experimentelle Ergebnisse die Theorie des Zusammenhanges der alkoholischen Gärung mit der Zuckeratmung bekräftigen. Dieser Zusammenhang kann nach Kostytschew[1]) auf folgende Weise schematisch dargestellt werden.

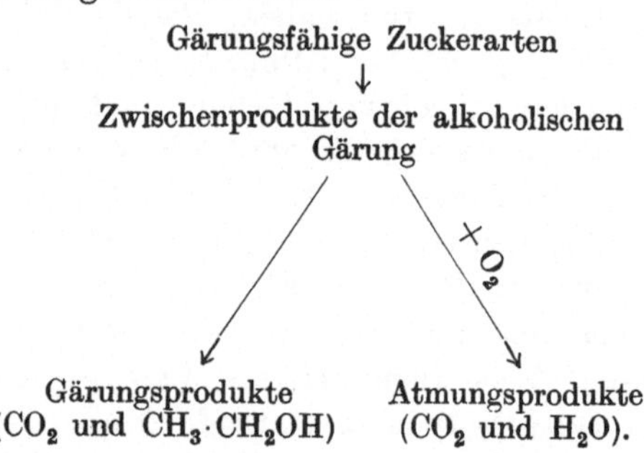

Palladin[2]) hat eine interessante Theorie zur Erklärung der Oxydation der intermediären Gärungsprodukte vorgeschlagen. Diese Theorie stellt eine Kombination derjenigen von Bach-Engler und Wieland dar. Nach Palladin spielen die sogenannten Atmungschromogene eine sehr wichtige Rolle im respiratorischen Vorgange. Als Atmungschromogene bezeichnet Palladin verschiedene Stoffe, die bei Autoxydation Wasserstoff abspalten und in entsprechende Pigmente übergehen; so wird z. B. Hydrochinon durch Vermittelung der Peroxydase zu rotem Chinon, Indigweiß zu blauem Indigotin oxydiert. Alle derartigen Oxydationen sind auf eine Abspaltung von zwei Wasserstoffatomen unter Wasserbildung zurückzuführen:

$$RH_2 + O = R + H_2O.$$

[1]) Kostytschew, S.: a. a. O.

[2]) Palladin, W.: Ber. d. botan. Ges. Bd. 26a, S. 125, 378, 389. 1908; Bd. 27, S. 101. 1909; Bd. 29, S. 472. 1911; Bd. 30, S. 104, 1912; Zeitschr. f. physiol. Chem. Bd. 55, S. 207. 1908; Rev. gén. de botan. Tome 23, p. 225. 1911; Zeitschr. f. Gärungsphysiol. Bd. 1, S. 91. 1912; Palladin, W. und S. Lwow: Ebenda. Bd. 2, S. 326. 1913; Palladin, W. und Z. Tolstoi: Mitt. d. Akad. d. Wiss. Petersburg. 93. 1913.

Vorrätige Atmungschromogene sind nach Palladin in Form von Prochromogenen abgelagert. Als Prochromogene bezeichnet Palladin viele Gerbstoffe, Glucoside und ähnliche Verbindungen, die nach Hydrolyse oxydable Chromogene freimachen.

Die Atmungspigmente R, die durch Oxydation aus Chromogenen hervorgehen, sind nach Palladin als Wasserstoffakzeptoren wirksam, indes die Kohlenstoffoxydation durch den Sauerstoff des Wassers nach Wieland stattfinden soll. In lebenden Geweben wird der Atmungsvorgang nach Palladin durch die katalytische Wasserdissoziation eingeleitet. Der Sauerstoff des Wassers oxydiert den Kohlenstoff der intermediären Gärungsprodukte, der Wasserstoff des Wassers und des Atmungsmaterials wird dabei von Atmungspigmenten, d. i. oxydierten Chromogenen vorübergehend gebunden. Diese erste Phase der Atmung läßt sich durch folgende summarische Gleichung ausdrücken (da die chemische Natur der intermediären Gärungsprodukte unbekannt ist, so wird in der Gleichung das Atmungsmaterial durch die empirische Zuckerformel dargestellt):

$$C_6H_{12}O_6 + 6\,H_2O + 12\,R = 6\,CO_2 + 12\,RH_2.$$

Hieraus ist ersichtlich, daß die Gesamtmenge von CO_2 bei der Sauerstoffatmung Palladins Meinung nach anaerober Herkunft ist: der Kohlenstoff des Atmungsmaterials wird durch den Sauerstoff des Wassers und des Atmungsmaterials oxydiert. Die zweite Phase der respiratorischen Oxydationsvorgänge besteht darin, daß die Atmungschromogene durch Peroxydase auf Kosten des Luftsauerstoffs (natürlich durch die Zwischenstufe der Peroxydbildung) oxydiert werden, wobei der gesamte dem Atmungsmaterial entnommene Wasserstoff in Wasser übergeht.

$$12\,RH_2 + 6\,O_2 = 12\,H_2O + 12\,R.$$

Die Wasserstoffakzeptoren (Chromogene) regenerieren sich auf diese Weise vollkommen und können bei der Oxydation neuer Mengen des Atmungsmaterials wirksam sein. Der Luftsauerstoff oxydiert also nach Palladin nur den labilen Wasserstoff der Atmungspigmente. Dieser unter Betätigung der Peroxydase stattfindende Vorgang hat mit der CO_2-Bildung nichts zu tun, was auch der laufenden Vorstellung über das Wesen der Peroxydasewirkung durchaus entspricht: vorstehend wurde bereits darauf hingewiesen, daß Peroxydasepräparate nur Phenolgruppen oxydieren.

Auch ist gewiß die Annahme nicht ausgeschlossen, daß die Resultate der oben erwähnten Versuche Kostytschews, in denen gegorene Zuckerlösungen nach Zusatz von Peroxydase und Hydroperoxyd CO_2 entwickelten, darauf zurückzuführen sind, daß in gegorenen Zuckerlösungen nicht nur das Atmungsmaterial, sondern auch geeignete Wasserstoffakzeptoren enthalten sind; auch diese Resultate könnten also nach dem Palladinschen Schema erklärt werden.

Palladin hat experimentell nachgewiesen, daß die Umwandlung der Atmungschromogene in Pigmente mit Sauerstoffabsorption aus der umgebenden Luft verbunden ist[1]). Die oben erwähnten Untersuchungen Wielands über die Essigsäuregärung sprechen wohl auch zugunsten der Palladinschen Theorie. Als eine besonders anschauliche Illustration der Palladinschen Theorie kann folgender interessante Befund von Oparin[2]) dienen. Der genannte Forscher hat aus Sonnenblumensamen eine Substanz isoliert, die mit Chlorogensäure identisch zu sein scheint und durchaus im Sinne der Palladinschen Darstellung die oxydative Desaminierung der Aminosäuren herbeiführt. Hierbei verwandelt sich die fragliche Substanz infolge Wasserstoffoxydation in ein grünes Pigment. Chlorogensäure $C_{16}H_{18}O_9$ ist ein Depsid und Bestandteil des unter dem Namen Kaffeegerbsäure bekannten Gerbstoffes[3]). Kaffeegerbsäure wäre also als ein Prochromogen zu bezeichnen.

Die Palladinsche Theorie ist eine wichtige Arbeitshypothese, deren weitere Nachprüfung als höchst wünschenswert erscheint[4]).

5. Annahmen über die Natur der oxydablen Gärungsprodukte.

Vorstehend wurde dargelegt, daß Äthylalkohol, das Endprodukt der Gärung, kaum als intermediäres Atmungsprodukt anzusehen

---

[1]) Palladin, W. und Z. Tolstoi: Mitt. d. Akad. d. Wiss. Petersburg. 1913. S. 93.

[2]) Oparin, A.: Biochem. Zeitschr. Bd. 124, S. 90. 1921.

[3]) Freudenberg, K.: Ber. d. Dtsch. Chem. Ges. Bd. 53, S. 232. 1920; Freudenberg, K. und E. Vollbrecht: Zeitschr. f. physiol. Chem. Bd. 116, S. 277. 1921.

[4]) Vgl. dazu Thunberg: Skandinav. Arch. f. Physiol. Bd. 30, S. 285. 1913; Meyerhof: Pflügers Arch. f. d. ges. Physiol. Bd. 170, S. 367 u. 428. 1918; Bd. 175. 1919; Zeitschr. f. physiol. Chem. Bd. 101, S. 165. 1918; Bd. 102, S. 1. 1918.

ist. Wahrscheinlich werden beim Atmungsvorgange Stoffe oxydiert, die als Zwischenprodukte der alkoholischen Gärung entstehen und deren oxydative Spaltung leichter als diejenige von unzerlegtem Zucker vor sich geht.

Die chemische Seite der alkoholischen Gärung ist noch nicht vollkommen erforscht und unverkennbare Vorschritte auf diesem Gebiete sind erst zu verzeichnen, seitdem man sich nicht mit den ersten, sondern vielmehr mit den letzten Phasen der Gärung zu befassen anfing. Kostytschew[1]) hat zuerst eine Anhäufung von Acetaldehyd in gärender Zuckerlösung unter dem Einfluß von Zink- und Cadmiumsalzen, welche die reduzierende Wirkung von Hefefermenten stark hemmen, ans Tageslicht gebracht. Gleichzeitig hat er zuerst nachgewiesen, daß Hefe bedeutende Mengen von Acetaldehyd zu Äthylalkohol reduzieren kann[2]). Aus diesen Befunden hat Kostytschew den Schluß gezogen, daß Acetaldehydbildung die vorletzte Phase der alkoholischen Gärung darstellt. Eine wichtige Bekräftigung dieser Betrachtungsweise liefert die im Jahre 1915 patentierte Sulfitmethode der Glycerindarstellung durch Hefe, die von Connstein und Lüdecke ausgearbeitet ist[3]). In Gegenwart einer beträchtlichen Menge von Natriumsulfit (der bei saurer Reaktion teilweise in Bisulfit übergeht) wird Zucker durch Hefe nicht nur in CO_2 und Alkohol, sondern zum Teil in CO_2, Acetaldehyd und Glycerin gespalten. Die Gleichung der Sulfitgärung wurde von Neuberg und Hirsch[4]) festgestellt:

$$C_6H_{12}O_6 = CH_2OH \cdot CHOH \cdot CH_2OH + CH_3 \cdot CHO + CO_2.$$

---

[1]) Kostytschew, S.: Ber. d. Dtsch. Chem. Ges. Bd. 45, S. 1289. 1912; Zeitschr. f. physiol. Chem. Bd. 79, S. 130. 1912; Bd. 83, S. 93. 1913; Bd. 85, S. 493. 1913; Bd. 111, S. 126 u. 132. 1920.

[2]) Kostytschew, S. und E. Hübbenet: Zeitschr. f. physiol. Chem. Bd. 79, S. 359. 1912; Kostytschew, S.: Ebenda. Bd. 85, S. 408. 1913; vgl. auch Kostytschew, S.: Ebenda. Bd. 89, S. 367. 1914; Bd. 92, S. 402. 1914; die kurz vor der Mitteilung von Kostytschew und Hübbenet veröffentlichte Arbeit von Neuberg und Kerb: Zeitschr. f. Gärungsphysiol. Bd. 1, S. 114. 1912 ergab zwar lauter negative Resultate, doch wurde hierbei nicht freier Acetaldehyd, sondern Aldehydammoniak für die Reduktionsversuche verwendet.

[3]) Vgl. dazu W. Connstein und K. Lüdecke: Ber. d. Dtsch. Chem. Ges. Bd. 52, S. 1385. 1919; Zerner, E.: Ebenda. Bd. 53, S. 325. 1920.

[4]) Neuberg, C. und J. Hirsch: Biochem. Zeitschr. Bd. 100, S. 304. 1919; Neuberg, C., Hirsch, J., Reinfurth, E.: Ebenda. Bd. 105, S. 307. 1920.

Die Bildung von so beträchtlichen Aldehydmengen ist wohl darauf zurückzuführen, daß der Acetaldehyd in Form der Bisulfitverbindung aus dem System der gekoppelten Reaktionen herausgegriffen wird. Infolgedessen reduziert der aktive Wasserstoff nicht den Acetaldehyd, sondern eine andere nicht bestimmt identifizierte Substanz zu Glycerin. Neuberg und seine Mitarbeiter[1]) haben dargetan, daß sämtliche von ihnen untersuchten Aldehyde durch Hefe reduziert werden können.

Eine Anhäufung von Acetaldehyd erfolgt auch beim Herausgreifen des aktiven Wasserstoffs durch geeignete Akzeptoren[2]), wobei allerdings der größte Teil oder gar die Gesamtmenge des Acetaldehyds nach Cannizzaro zu Essigsäure und Alkohol bzw. zu Essigester verarbeitet wird. Derselbe Vorgang kommt zustande, wenn die alkoholische Gärung in einem schwach-alkalischen Medium verläuft[3]). Sehr interessant ist der neueste Befund von Abderhalden[4]), daß eine Zuckervergärung zu Acetaldehyd und Glycerin durch Hefe in Gegenwart von Tierkohle stattfindet.

Die so mannigfaltigen Beweise der Bildung von Acetaldehyd bei der alkoholischen Gärung und seiner Reduzierbarkeit zu Äthylalkohol durch Hefe lassen kaum mehr Zweifel darüber bestehen, daß Acetaldehyd ein intermediäres Produkt der alkoholischen Gärung darstellt. Nun hat bereits Kostytschew[5]) die Annahme gemacht, daß der Acetaldehyd aus Brenztraubensäure hervorgehe. v. Grab[6]) hat die intermediäre Bildung von Brenztraubensäure bei der alkoholischen Gärung auf folgende Weise sehr wahrscheinlich gemacht: er wies nach, daß ein Zusatz von β-Naphthylamin

<hr>

[1]) Neuberg, C. und Steenbock: Biochem. Zeitschr. Bd. 52, S. 494. 1913; Bd. 59, S. 188. 1914; Neuberg, C. und F. Nord: Ebenda. Bd. 67, S. 24. 1914; Neuberg, C. und Schwenk: Ebenda. Bd. 71. S. 114. 1915; Mayer, P. und C. Neuberg: Ebenda. Bd. 71, S. 174. 1915 u. a.

[2]) Kostytschew, S.: Zeitschr. f. physiol. Chem. Bd. 83, S. 93. 1913.

[3]) Wilenko, G.: Zeitschr. f. physiol. Chem. Bd. 98, S. 255. 1917; Bd. 100, S. 225. 1917; Oelsner, A. und A. Koch: Ebenda. Bd. 104, S. 175. 1919; Neuberg, C. und J. Hirsch: Biochem. Zeitschr. Bd. 100, S. 304. 1919; Neuberg, C., Hirsch, J. und E. Reinfurth: Ebenda. Bd. 105, S. 307. 1920.

[4]) Abderhalden, E.: Fermentforschung. Bd. 5, S. 89, 110, 255. 1921 bis 1922; Bd. 6, S. 162. 1922; Abderhalden E. und Fodor: Ebenda. Bd. 5, S. 138. 1919; Abderhalden, E. und S. Glaubach: Ebenda. Bd. 6, S. 143. 1922.

[5]) Kostytschew, S.: Ber. d. Dtsch. Chem. Ges. Bd. 45, S. 1289. 1912; Zeitschr. f. physiol. Chem. Bd. 79, S. 130. 1912.

[6]) Grab, M. v.: Biochem. Zeitschr. Bd. 123, S. 69. 1921.

zu gärendem Hefesaft die Bildung von Methylnaphtocinchoninsäure bewirkt; dieser Vorgang ist kaum anders als durch Zusammenwirken von Naphthylamin, Brenztraubensäure und Acetaldehyd erklärbar, denn folgende Reaktion ist für Brenztraubensäure charakteristisch[1]:

$$CH_3 \cdot CO \cdot COOH + CH_3 \cdot CHO + C_{10}H_7NH_2 = C_{10}H_6 \!\!\begin{array}{c} N\!=\!\!=\!C \cdot CH_3 \\ | \\ C\!=\!\!=\!CH \\ | \\ COOH \end{array} + 2\,H_2O + H_2$$

(Brenztraubensäure)   (Acetaldehyd)   (Naphtylamin)   (Methylnaphtocinchoninsäure)

Es liegt auf der Hand, daß sowohl Acetaldehyd als Brenztraubensäure leichter oxydierbar sind als Äthylalkohol. Acetaldehyd kann auch wahrscheinlich zu CO_2 verbrennen; wissen wir doch, daß durch Einwirkung von Salpetersäure auf Acetaldehyd nicht Essigsäure, sondern hauptsächlich Glyoxal $CHO \cdot CHO$ entsteht. Eine glatte Verbrennung von Glyoxal zu CO_2 und H_2O über Glyoxylsäure $CHO \cdot COOH$ bzw. Oxalsäure $COOH \cdot COOH$ ist leicht ausführbar. Trotzdem scheint die Annahme wahrscheinlicher zu sein, daß als normale Zwischenprodukte der Sauerstoffatmung andere Stoffe anzusehen sind, die auf den ersten Stufen der alkoholischen Gärung entstehen. Diese ersten Phasen der Gärung sind noch nicht erforscht, und es existieren darüber nur rein theoretische Vorstellungen. Auf ältere Theorien der Alkoholgärung, welche die intermediäre Bildung von Acetaldehyd nicht berücksichtigen, wollen wir hier verzichten und nur die modernen Theorien in aller Kürze wiedergeben.

Das Schema von Kostytschew[2] ist eigentlich keine Theorie, sondern eine Zusammenstellung der zur Zeit experimentell begründeten Tatsachen, welche nur die Endphasen des Vorganges aufhellen. Durch eine Reihe von nicht bekannten gekoppelten Reaktionen verwandeln sich gärungsfähige Zuckerarten in zwei Moleküle Brenztraubensäure und atomistischen, an Akzeptoren labil gebundenen Wasserstoff. Dann folgen die beiden Schlußreaktionen. Zuerst zerfällt Brenztraubensäure durch Einwirkung von Carboxylase in Acetaldehyd und Kohlendioxyd, alsdann wird Acetaldehyd durch aktiven Wasserstoff zu Äthylalkohol reduziert.

---

[1] Döbner: Liebigs Ann. d. Chem. Bd. 242, S. 291. 1887; Bd. 281, S. 1. 1894.

[2] Kostytschew, S.: Ber. d. Dtsch. Chem. Ges. Bd. 45, S. 1289. 1912; Zeitschr. f. physiol. Chem. Bd. 79, S. 130. 1912.

$$(I) \ldots \ldots \ C_6H_{12}O_6 = 2\,CH_3 \cdot CO \cdot COOH + 4\,H \quad \text{(summarische}$$
$$\text{Reaktion)}$$
$$(II) \ldots \ldots 2\,CH_3 \cdot CO \cdot COOH = 2\,CH_3 \cdot CHO + 2\,CO_2$$
$$(III) \ldots \ldots 2\,CH_3 \cdot CHO + 4\,H = 2\,CH_3 \cdot CH_2OH.$$

Die scharf ausgeprägten reduzierenden Eigenschaften der Hefe wurden in diesem Schema zum ersten Male berücksichtigt. Außerdem ist aus obigen Gleichungen ersichtlich, daß CO_2-Bildung und Alkoholbildung zwei getrennte Vorgänge darstellen. Wird ein Teil des Acetaldehyds nicht reduziert, sondern auf eine andere Weise verarbeitet, so erhält man abnorm geringe Alkoholausbeuten, was auch bei der anaeroben Atmung verschiedener Pflanzen in der Tat der Fall ist. Dagegen ist eine überschüssige Alkoholbildung nach obigen Gleichungen ausgeschlossen; sie wurde auch auf experimentellem Wege niemals dargetan.

Diejenigen Phasen der alkoholischen Gärung, die der Bildung von Brenztraubensäure vorangehen, werden in den Theorien von v. Lebedew[1]) und Neuberg[2]) hypothetisch behandelt. Nach v. Lebedew zerfällt der gärungsfähige Zucker in Glycerinaldehyd und Dioxyaceton. Weiterhin wird Glycerinaldehyd nach dem Kostytschewschen Schema in 1 Molekül CO_2 und 1 Molekül Äthylalkohol gespalten, Dioxyaceton bildet aber die Triosemonophosphorsäure, die sich zu Hexosediphosphorsäure kondensiert; aus letzterer regeneriert sich der gärungsfähige Zucker und der gesamte Vorgang wiederholt sich solange, bis der gesamte Zucker über Glycerinaldehyd in CO_2 und Alkohol übergangen ist:

$$(I) \ldots CH_2OH \cdot (CHOH)_4 \cdot CHO = CH_2OH \cdot CHOH \cdot CHO +$$
$$CH_2OH \cdot CO \cdot CH_2OH$$
$$(II) \ldots CH_2OH \cdot CHOH \cdot CHO = CH_3 \cdot CO \cdot COOH + 2\,H$$
$$(III) \ldots CH_3 \cdot CO \cdot COOH = CH_3 \cdot CHO + CO_2$$
$$(IV) \ldots CH_3 \cdot CHO + 2\,H = CH_3 \cdot CH_2OH$$
$$(V) \ldots CH_2OH \cdot CO \cdot CH_2OH + RH_2PO_4 =$$
$$CH_2OH \cdot CO \cdot CH_2 \cdot O \cdot PHRO_3 + H_2O$$
$$(VI) \ldots 2\,C_3H_5O_2 \cdot O \cdot PHRO_3 = C_6H_{10}O_4(O \cdot PHRO_3)_2$$
$$(VII) \ldots C_6H_{10}O_4(O \cdot PHRO_3)_2 + 2\,H_2O = C_6H_{12}O_6 + 2\,RHPO_4.$$

In dieser Theorie wurde zum ersten Male die biochemische Bedeutung der Bildung von Hexosediphosphorsäure näher erläutert. v. Lebedew glaubt experimentell gefunden zu haben, daß Dioxyaceton mit Phosphaten die Triosemonophosphorsäure bildet, die

---

[1]) Lebedew, A. v.: Cpt. rend. Tome 153, p. 136. 1911; Ber. d. Dtsch. Chem. Ges. Bd. 45, S. 3240. 1912.

[2]) Neuberg, C. und J. Kerb: Biochem. Zeitschr. Bd. 53, S. 406. 1913. Bd. 58, S. 158. 1913.

sich leicht zu Hexosediphosphorsäure kondensiert. Dieser Befund wird jedoch durch neuere Untersuchungen von Neuberg und seinen Mitarbeitern [1]) widerlegt und dadurch die Lebedewsche Theorie einer jeden experimentellen Grundlage beraubt.

Neuberg selbst bestrebt sich, die Bildung der Methylgruppe (die wohl den Schlüssel zum Rätsel der alkoholischen Gärung geben soll) durch intermediäre Bildung von Methylglyoxal zu erklären und stellt den Gesamtvorgang durch folgende Gleichungen dar, in denen die von Kostytschew [2]) zuerst bei Hefe nachgewiesene Cannizzarosche Reaktion eine Hauptrolle spielt.

$$\text{(I)} \ldots C_6H_{12}O_6 = C_6H_8O_4 \, (\text{Methylglyoxalaldol}) + 2\,H_2O$$

$$\text{(II)} \ldots C_6H_8O_4 = \underbrace{2\,CH_2:COH \cdot CHO, \text{ bzw. } 2\,CH_3 \cdot CO \cdot CHO}_{\text{Methylglyoxal}}$$

$$\text{(III)} \ldots 2\,CH_2:COH \cdot CHO + 2\,H_2O = \underset{\text{Glycerin}}{CH_2OH \cdot CHOH \cdot CH_2OH} +$$

$$\underset{\substack{\text{Brenztrauben-}\\ \text{säure}}}{CH_3 \cdot CO \cdot COOH}$$

$$\text{(IV)} \ldots CH_3 \cdot CO \cdot COOH = CH_3 \cdot CHO + CO_2$$

$$\text{(V)} \ldots CH_3 \cdot CO \cdot CHO + CH_3 \cdot CHO + H_2O =$$
$$CH_3 \cdot CO \cdot COOH + CH_3 \cdot CH_2OH.$$

Es ist einleuchtend, daß derartige hypothetische Gleichungen mit der modernen Vorstellung von dem Wesen der Cannizzaroschen Reaktion nicht leicht in Einklang zu bringen sind. Sie sind auch aus anderweitigen Gründen nicht sehr wahrscheinlich. So erheischen z. B. der glatte Verlauf der „gemischten" Cannizzaroschen Reaktion (V und zwar gleichzeitig mit III) und ähnliche problematische Vorgänge das Vorhandensein eines regulatorischen Prinzips, sonst wäre die glatte Vergärung von Zucker außerhalb der lebenden Zelle nicht recht begreiflich. Eine derartige Regulation ist aber ohne Mitwirkung des Zellplasmas kaum möglich.

Wir sehen also, daß es zur Zeit noch nicht gelingt, die alkoholische Gärung durch eine Reihe von durchsichtigen gekoppelten

---

[1]) Neuberg, C., Färber, E., Levite, A., Schwenk, E.: Biochem. Zeitschr. Bd. 83, S. 244. 1917.

[2]) Kostytschew, S.: Zeitschr. f. physiol. Chem. Bd. 89, S. 367. 1914; Bd. 92, S. 402. 1914. Die Behauptung Neubergs (in seinen neuesten Mitteilungen), daß es ihm gelungen sei, noch früher die Cannizzarosche Reaktion bei Hefe nachzuweisen (mit Hinweisung auf Neuberg und Kerb: Biochem. Zeitschr. Bd. 58, S. 158. 1913) ist unrichtig. In der zitierten Mitteilung von Neuberg und Kerb sind keine experimentellen Untersuchungen über die Cannizzarosche Reaktion enthalten.

Vorgängen darzustellen; dazu sind unsere gegenwärtigen Kenntnisse noch zu unzureichend. Vielleicht könnte die Lösung der Frage nach der Bildung der Methylgruppe bei der alkoholischen Gärung den Schlüssel zur Lösung des Gärungsproblems liefern. Schon jetzt ist es jedoch sehr wahrscheinlich, daß auf den ersten Stufen des Gärungsvorganges eine Spaltung der sechsgliederigen Kette in zwei aus je drei Kohlenstoffatomen bestehende Moleküle stattfindet. Der Verfasser dieses Buches glaubt annehmen zu dürfen, daß oxydierende Fermente der normalen Sauerstoffatmung gerade auf diesen Stufen, und zwar vor der Entstehung der Methylgruppe in Mitleidenschaft gezogen werden. Abgesehen davon, daß Verbindungen mit lauter oxydierten Kohlenstoffatomen der biologischen Oxydation im allgemeinen leichter zugänglich sind, ist auch der Hinblick auf die Vorgänge bei der Tieratmung von Bedeutung. Bei höheren Tieren scheint die anaerobe Zuckerspaltung mit Milchsäuregärung im wesentlichen identisch zu sein; nichtdestoweniger liegt die Annahme nahe, daß dieser Vorgang die Vorstufe der Sauerstoffatmung bildet. Es wird also durch oxydierende Fermente ein Körper verbrannt, der noch vor Bildung der Milchsäure, und also vor der Gabelung des Gärungsvorganges in alkoholische und Milchsäuregärung im Verlaufe der anaeroben Glykolyse entsteht. Ein Zusammenhang der Atmung von Tiergeweben mit der Hefegärung zeigt sich darin, daß bei der Tieratmung die Kofermente der alkoholischen Gärung eine wichtige Rolle spielen[1]) und auf den ersten Phasen des Atmungsvorganges die wohlbekannte Hexosediphosphorsäure gebildet wird[2]).

6. Die vermeintliche Bildung von organischen Säuren im Atmungsvorgange.

Aus obiger Darstellung ist ersichtlich, daß es zur Zeit noch unbekannt bleibt, welche intermediären Gärungsprodukte zugleich als Atmungsprodukte fungieren. Bei der Oxydation dieser Stoffe können wohl unbeständige Carbonsäuren entstehen, da es höchstwahrscheinlich ist, daß CO_2 von Carboxylgruppen abgespalten wird. In dieser Beziehung ist folgender Befund von

---

[1]) Meyerhof, O.: a. a. O.

[2]) Embden und Laqueur: Zeitschr. f. physiol. Chem. Bd. 98, S. 181. 1916—1917.

Euler und Bolin[1]) beachtenswert: es ergab sich, daß Laccase-
präparate aus Medicago sativa eine nicht zu unterschätzende
Menge von Glykolsäure $CH_2OH \cdot COOH$, Glyoxylsäure $CHO \cdot COOH$
und namentlich Mesoxalsäure $COOH \cdot CO \cdot COOH$ enthalten. Es
ist nicht unwahrscheinlich, daß Glykol- und Glyoxylsäure
als Produkte der Oxydation von Acetaldehyd anzusehen sind.
Mesoxalsäure stellt vielleicht das Oxydationsprodukt vom „Drei-
kohlenstoffkörper“ vor, dessen Bildung derjenigen der Brenztraubensäure vorangeht, und der als normales Zwischenprodukt
sowohl der alkoholischen Gärung als der Sauerstoffatmung anzusehen wäre. Mesoxalsäure kann leicht zu CO_2 und H_2O oxydiert
werden und ist also möglicherweise selbst ein normales Zwischenprodukt der Sauerstoffatmung.

Es ist einleuchtend, daß derartige direkte Oxydationsprodukte
der bei anaerober Zuckerspaltung entstehenden Stoffe nur in
geringen Mengen zum Vorschein kommen, da sie zu jeder Zeit
weiter verbrannt werden und sich in großen Mengen nie anhäufen
können. Ganz anders ist jedoch die physiologische Rolle derjenigen Pflanzensäuren zu präzisieren, die in fleischigen Früchten
und Succulenten in großen Mengen entstehen und auch in anderen
Pflanzen oft aufgefunden wurden. Von diesen Säuren wollen wir
nur die verbreitetsten besprechen, und zwar die Oxal-, Äpfel-,
Citronen- und Weinsäure. Letztere kommt in Pflanzen südlicher
Gegenden vor, indes die übrigen, besonders aber Äpfelsäure, in
den meisten Pflanzen enthalten sind und unter Umständen in
großen Konzentrationen angetroffen werden.

Auch diese Säuren wurden von verschiedenen Forschern als
Zwischenprodukte der Sauerstoffatmung angesehen, und zwar zu
einer Zeit, wo das Wesen der Oxydationsvorgänge in den Pflanzenzellen noch völlig rätselhaft erschien und der Zusammenhang der
alkoholischen Gärung mit der Sauerstoffatmung noch kein Gegenstand der experimentellen Untersuchungen war. Derartige Theorien
sind vom gegenwärtigen Standpunkte aus weder theoretisch noch
experimentell begründet; vor Jahren haben sie jedoch viel Anklang gefunden und werden daher auch in moderne Handbücher
aufgenommen. So findet man eine Besprechung der physiologischen Umwandlungen der Pflanzensäuren auch in der neuen
Auflage des grundlegenden Handbuches „Biochemie der Pflanzen“

---

[1]) Euler, H. und J. Bolin: Zeitschr. f. physiol. Chem. Bd. 61, S. 1. 1909.

von F. Czapek[1]) im Abschnitt der Pflanzenatmung. Aus nachfolgendem ist jedoch ersichtlich, daß diese Darstellung kaum als einwandfrei bezeichnet werden kann.

A. Mayer[2]) hat sich schon vor längerer Zeit dahin ausgesprochen, daß bei der Pflanzenatmung unter Umständen nicht Kohlendioxyd, sondern Äpfelsäure und Oxalsäure entstehen könne. Daß die Ausführungen A. Mayers auf überwundenen Anschauungen fußen, ist daraus ersichtlich, daß er auch den umgekehrten Vorgang annahm, d. i. eine direkte photosynthetische Zuckerbildung aus Pflanzensäuren, wobei Kohlendioxyd nicht einmal vorübergehend entstehen soll. A. Mayers Theorie wurde alsdann von Warburg[3]) und Puriewitsch[4]) ergänzt und erweitert. Die genannten Forscher nahmen an, daß Zucker allmählich unter Bildung von immer sauerstoffreicheren Pflanzensäuren oxydiert werde; schließlich soll Oxalsäure als Vorstufe der totalen Verbrennung entstehen. Oxalsäure hielt man zu jener Zeit irrtümlicherweise für diejenige Pflanzensäure, die in überwiegender Menge angehäuft wird. In Wirklichkeit ist aber Äpfelsäure das hauptsächlichste saure Produkt des Stoffwechsels von fleischigen Früchten und Succulenten, wie z. B. aus folgender Tabelle zu ersehen ist[5]):

Sedum azureum.

	Oxalsäure	Äpfelsäure
25. Mai	1,82%	7,62%
17. Juni	0,48%	8,73%
21. Juni	2,07%	8,42%
8. Juli	0,74%	10,13%
29. Juli	0,35%	7,72%

Der Äpfelsäuregehalt ist bei Succulenten großen Schwankungen unterworfen. Er nimmt zu in der Nacht, wogegen am Tage eine

---

[1]) Czapek, F.: Biochemie der Pflanzen. 2. Aufl. Bd. 3, S. 65—110. 1921.

[2]) Mayer, A.: Landwirtschaftl. Versuchs-Stationen. Bd. 34, S. 127. 1887.

[3]) Warburg, O.: Untersuch. aus d. botan. Inst. Tübingen. Bd. 2, S. 53. 1886.

[4]) Puriewitsch, K.: Aufbau und Abbau von organischen Säuren in Samenpflanzen. 1893.

[5]) André, G.: Cpt. rend. Tome 140, p. 1708. 1905; vgl. auch Branhofer und Zellner: Zeitschr. f. physiol. Chem. Bd. 109, S. 12. 1920.

Abnahme der Säuremenge zu verzeichnen ist[1]). Dies hängt damit zusammen, daß Äpfelsäure am Lichte zu CO_2 oxydiert wird. Dieser Vorgang unterbleibt in der Dunkelheit; hierdurch ist die Zunahme der Säuremenge in der Nacht erklärlich.

Es ist also ersichtlich, daß Äpfelsäure in Pflanzenzellen zu CO_2 oxydiert werden kann. Noch leichter vollzieht sich die Verbrennung von Oxalsäure. Zaleski und Reinhard[2]) haben in Pflanzen ein Oxalsäure oxydierendes spezifisches Ferment aufgefunden; alsdann hat Staehelin[3]) dargetan, daß dieses Ferment im Pflanzenreiche sehr verbreitet ist. Obwohl die Pflanzensäuren zweifellos zu CO_2 und H_2O verbrannt werden können, wäre es dennoch voreilig, hieraus den Schluß zu ziehen, daß der genannte Oxydationsvorgang die Endphase der normalen Sauerstoffatmung darstellt. Vor allem ist zu beachten, daß die genannten verbreiteten Pflanzensäuren sowohl aus Zucker als aus Aminosäuren hervorgehen können.

Seitdem die Desaminierung als ein weitverbreiteter Vorgang erkannt worden ist, wissen wir, daß die Spaltungsprodukte der Eiweißstoffe als Muttersubstanzen verschiedener stickstofffreier Pflanzenstoffe anzusehen sind. Der Verfasser dieses Buches glaubt in der Tat annehmen zu dürfen, daß die verbreiteten Pflanzensäuren entweder Umwandlungsprodukte von Aminosäuren, oder normale Produkte bzw. Nebenprodukte der unvollständigen Verarbeitung von Zucker zu Aminosäuren beim Aufbau von Eiweißstoffen repräsentieren.

Eine so stark oxydierte Substanz wie Oxalsäure kann selbstverständlich sowohl aus Zucker als aus Eiweiß hervorgehen. Es ist u. a. festgestellt, daß bei Behandlung von Eiweißstoffen mit Salpetersäure eine bedeutende Menge von Oxalsäure entsteht. Wehmer[4]) hat dargetan, daß einige Schimmelpilze enorm große Oxalsäuremengen auf Kosten von Zucker erzeugen, doch weist der genannte Forscher ausdrücklich darauf hin, daß ein Teil von

---

[1]) Kraus, G.: Abh. d. Naturf. Halle. Bd. 16. 1884. Lange, P.: Inaug.-Diss. Halle 1886.; Puriewitsch: a. a O.

[2]) Zaleski, W. und Reinhard: Biochem. Zeitschr. Bd. 33, S. 449. 1911; Palladin, W. und Lowtschinowsky: Mitt. d. Akad. d. Wiss. Petersburg 1916. S. 937.

[3]) Staehelin, M.: Biochem. Zeitschr. Bd. 96, S. 1. 1919.

[4]) Wehmer, C.: Botan. Zeitschr. Bd. 49, S. 233. 1891; Ber. d. Dtsch. botan Ges. Bd. 24, S. 381. 1906; Zentralbl. f. Bakteriol., Parasitenk. u. Infektionskrankh., Abt. II. Bd. 3, S. 102. 1897.

Oxalsäure nicht aus Zucker, sondern aus Eiweißstoffen gebildet wird. Es ergab sich denn auch, daß Oxalsäure in Pilzkulturen auch bei alleiniger Ernährung mit Pepton entsteht[1]); auf einzelnen Aminosäuren als Kohlenstoffquellen wurde dasselbe Produkt beobachtet. Nach eigenen, noch nicht veröffentlichten Versuchen produziert Aspergillus niger bei der Eiweißsynthese aus Zucker und Nitraten Oxalsäure. Auch die reichliche Oxalsäurebildung bei der Eiweißregeneration aus Asparagin in Samenpflanzen ist nach Petrow[2]) nichts anderes als das Resultat einer Oxydation des Kohlenstoffgerüstes von Asparagin.

Ist eine Entstehung von Oxalsäure sowohl aus Zucker als aus Eiweiß denkbar, so erscheint die Möglichkeit der Bildung von anderen organischen Säuren aus Spaltungsprodukten des Eiweißes noch naheliegender. Es wurde noch niemals eine Bildung von Bernsteinsäure aus Zucker verzeichnet, wogegen die Bildung von Bernsteinsäure aus Glutaminsäure außer Zweifel gestellt ist[3]). Dieser Vorgang wird durch Hefe auf folgende Weise bewerkstelligt[4]):

(I) $COOH \cdot CH_2 \cdot CH_2 \cdot CH(NH_2) \cdot COOH + O =$
$$COOH \cdot CH_2 \cdot CH_2 \cdot CO \cdot COOH + NH_3$$
(II) $COOH \cdot CH_2 \cdot CH_2 \cdot CO \cdot COOH = COOH \cdot CH_2 \cdot CH_2 \cdot CHO + CO_2$
(III) $COOH \cdot CH_2 \cdot CH_2 \cdot CHO + O = COOH \cdot CH_2 \cdot CH_2 \cdot COOH.$

Beachtenswert ist der Umstand, daß die Verarbeitung von Asparaginsäure durch Hefe keine stickstofffreie Säure liefert. Der Vorgang der Desaminierung der Asparaginsäure findet auch in Samenpflanzen in enormem Umfange statt bei der Eiweißregeneration auf Kosten von Asparagin und löslichen Kohlenhydraten. Butkewitsch[5]) hat außer Zweifel gestellt, daß das Asparagin nur als N-Quelle dient, indem Ammoniak abgespalten und zum Aufbau der Aminosäuren verwendet wird; das Kohlenstoffgerüst je einer Aminosäure entsteht aber aus Zucker. Daher sollte man erwarten, daß bei der Eiweißregeneration in wachsenden

---

[1]) Butkewitsch, W.: Biochem. Zeitschr. Bd. 129, S. 445. 1922.

[2]) Petrow, G. G.: Stickstoffassimilation durch Samenpflanzen im Lichte und in Dunkelheit. 1917. Russisch.

[3]) Ehrlich, F.: Biochem. Zeitschr. Bd. 18, S. 391. 1909.

[4]) Neubauer, O. und Fromherz: Zeitschr. f. physiol. Chem. Bd. 70, S. 326. 1911; Neuberg, C.: Biochem. Zeitschr. Bd. 91, S. 131. 1918.

[5]) Butkewitsch, W.: Biochem. Zeitschr. Bd. 16, S. 411. 1909; Bd. 41, S. 431. 1912.

Pflanzenteilen große Mengen der unverbrauchten Reste des Asparagins in Form von Äpfelsäure oder ähnlichen Stoffen zurückbleiben. Dies ist aber nicht der Fall: ebenso wie bei der Desaminierung von Asparaginsäure durch Hefepilze, wurden auch beim Asparaginverbrauch in keimenden Pflanzen keine stickstofffreien Molekülreste aufgefunden. Dieses Verhalten ist nach Kostytschew auf folgende Weise erklärlich: Auf dieselbe Art, wie aus Glutaminsäure Bernsteinsäure entsteht, sollte aus Asparaginsäure Malonsäure hervorgehen:

(I) $COOH \cdot CH_2 \cdot CH(NH_2) \cdot COOH + O = COOH \cdot CH_2 \cdot CO \cdot COOH + NH_3$

(II) $COOH \cdot CH_2 \cdot CO \cdot COOH = COOH \cdot CH_2 \cdot CHO + CO_2$

(III) $COOH \cdot CH_2 \cdot CHO + O = COOH \cdot CH_2 \cdot COOH.$

Dieser Vorgang kann aber deshalb nicht stattfinden, weil die Oxalessigsäure $COOH \cdot CH_2 \cdot CO \cdot COOH$ durch das Ferment Carboxylase nicht auf dieselbe Weise wie α-Ketoglutarsäure $COOH \cdot CH_2$ $CH_2 \cdot CO \cdot COOH$ gespalten wird. Es ist experimentell nachgewiesen, daß Oxalessigsäure nicht ein Molekül, sondern zwei Moleküle CO_2 abspaltet, wobei sie sich in Acetaldehyd verwandelt[1]):

$$COOH \cdot CH_2 \cdot CO \cdot COOH = CH_3 \cdot CHO + 2\,CO_2.$$

Acetaldehyd wird über Essigsäure oder Glyoxal wahrscheinlich zu Oxalsäure oxydiert, welche entweder als Endprodukt der Asparaginspaltung erhalten bleibt oder zum größten Teil in CO_2 und H_2O übergeht. Es ist Kostytschew in noch unveröffentlichten Versuchen gelungen, durch Hefewirkung Äpfelsäurebildung zu erzielen, denn die CO_2-Abspaltung dadurch unterbleibt, daß die Carbonylgruppe vor dem Eingreifen der Carboxylase zur Hydroxylgruppe reduziert wird:

$$COOH \cdot CH_2 \cdot CO \cdot COOH + 2\,H = COOH \cdot CH_2 \cdot CHOH \cdot COOH.$$

Dieselbe Reduktion scheint bei einigen Schimmelpilzen zustande zu kommen und ist möglicherweise auch in Samenpflanzen unter Umständen nicht ausgeschlossen; auf diese Weise sind wir berechtigt, anzunehmen, daß sowohl Oxalsäure als Äpfelsäure aus Asparaginsäure hervorgehen kann. Wenn nun Äpfelsäure aus Zucker entsteht, so ist dies wohl keine Teilstufe des normalen Atmungsvorganges, sondern eine Zwischenphase der Asparaginbildung. Es wurde in der Tat eine gesteigerte Bildung von Äpfelsäure bzw. Äpfelsäuremonoamid in keimenden Samenpflanzen

---

[1]) Neuberg, C. und L. Karczag: Biochem. Zeitschr. Bd. 36, S. 68. 1911.

durch Schulow und Petrow[1]) nachgewiesen; auch haben Prianischnikow und seine Schüler[2]) eine bedeutende Zunahme der
Asparaginmenge in Keimpflanzen nach künstlicher Ernährung mit
äpfelsauren Salzen wahrgenommen. Noch interessanter sind in
dieser Beziehung die bahnbrechenden tierphysiologischen Untersuchungen von Embden und seinen Mitarbeitern[3]), die in Durch-
blutungsversuchen eine regelmäßige Umwandlung der Ammonium-
salze von α-Keton- bzw. α-Oxysäuren durch isolierte Leber in
Aminosäuren von entsprechender Konstitution dargetan haben.
Hierdurch ist der Weg der biologischen Synthese von Aminosäuren angezeigt.

Nach dem soeben Erörterten ist es höchstwahrscheinlich, daß
der größte Teil der Äpfelsäure bei Samenpflanzen im Vorgange
der Asparaginbildung bzw. Asparagindesaminierung entsteht. Oft
kann vielleicht wegen Stickstoffmangels nicht die Gesamtmenge
der Äpfelsäure zu Asparagin verarbeitet werden. Der Überschuß
von Äpfelsäure wird dann durch Oxydationsvorgänge unter CO_2-
Bildung zerstört, doch ist dies kein direkter und normaler Atmungsvorgang; die Oxydation von Pflanzensäuren ist vielmehr der
vorstehend erwähnten „Eiweißatmung" ähnlich. In diesem Zusammenhange sei an folgende von Warburg und Negelein[4])
beobachtete eigenartige Erscheinung erinnert: es ergab sich, daß
bei der Nitratassimilation durch die einzellige Alge Chlorella
vulgaris eine überschüssige CO_2-Menge abgeschieden wird. Diese
CO_2-Bildung ist kein eigentlicher Atmungsvorgang; sie kann von
der respiratorischen CO_2-Abscheidung durch vorsichtige Giftwirkung scharf getrennt werden. Es ist die Annahme nicht ausgeschlossen, daß in diesem Falle eine Oxydation von Pflanzensäuren vorliegt, welche mit der Eiweißbildung zusammenhängt.

Bei niederen Pflanzen trifft man höchstens nur geringe Mengen
von Äpfelsäure; es ist auch zu beachten, daß in Pilzen und Bakterien keine Asparaginbildung zustande kommt.

---

[1]) Schulow, Iw.: Untersuchungen im Bereich der Physiologie der Ernährung höherer Pflanzen. 1913. Russisch. Petrow, G. G.: a. a. O.

[2]) Prianischnikow, D.: Tagebuch d. I. Kongr. d. russ. Botaniker.
1921. S. 65; Smirnow, A.: Biochem. Zeitschr. Bd. 137, S. 1. 1923.

[3]) Embden, G. und E. Schmitz: Biochem. Zeitschr. Bd. 29, S. 423.
1910; Bd. 38, S. 393. 1912; Kondo, K.: Ebenda. Bd. 38, S. 407. 1912;
Fellner: Ebenda. Bd. 38, S. 414. 1912.

[4]) Warburg, O. und Negelein: Biochem. Zeitschr. Bd. 110, S. 66. 1920.

Was nun die Citronensäure mit ihrer verzweigten Kohlenstoffkette anbelangt, so ist eine direkte Umwandlung von Zucker in diese Säure beim Atmungsvorgange überhaupt nicht denkbar. Citronensäure kann aus Zucker nur unter Beteiligung von synthetischen Vorgängen entstehen. Beachtenswert ist der Umstand, daß auch bei der Bildung von Aminosäuren verzweigte Kohlenstoffketten aus Zucker synthetisiert werden. Das Kohlenstoffgerüst der Citronensäure ist z. B. mit demjenigen von Isoleucin identisch:

$$\mathrm{COOH - COH} \Big\langle {}^{\textstyle \mathrm{CH_2 - COOH}}_{\textstyle \mathrm{CH_2 - COOH.}} \qquad\qquad \mathrm{CH_3 - CH} \Big\langle {}^{\textstyle \mathrm{CH(NH_2) - COOH}}_{\textstyle \mathrm{CH_2 - CH_3.}}$$

Citronensäure   Isoleucin

Es ist also ersichtlich, daß Citronensäure aus Isoleucin und einigen anderen Spaltungsprodukten der Eiweißstoffe ohne Beteiligung synthetischer Vorgänge entstehen könnte. Der größte Teil der Citronensäure entsteht aber wohl aus Zucker, doch nicht durch Vermittlung respiratorischer Vorgänge, sondern als Nebenprodukt bei der Bildung von Aminosäuren und Purinderivaten.

Die sogenannten Citromyces-Arten bilden nach Wehmer [1]) bedeutende Mengen von Citronensäure; nach neueren Untersuchungen ist die Fähigkeit zur Citronensäurebildung verschiedenen Schimmelpilzen unter anomalen Ernährungsverhältnissen eigen [2]), so daß die Gattung Citromyces vielleicht zu streichen ist. Die ausführlichen Untersuchungen von Mazé und Perrier [3]) haben außer Zweifel gestellt, daß Citronensäurebildung bei Schimmelpilzen einen äußerst komplizierten Vorgang darstellt; im Anschluß daran haben H. Buchner und Wüstenfeld [4]) vergeblich versucht, ein „Ferment der Citronensäuregärung" [5]) aus Citromyces

<hr>

[1]) Wehmer, C.: Ber. d. botan. Ges. Bd. 11, S. 333. 1893; Zentralbl. f. Bakteriol., Parasitenk. u. Infektionskrankh., Abt. II. Bd. 15, S. 427. 1906.

[2]) Currie, N.: Journ. of biol. chem. Vol. 31, p. 15. 1917; Elfving, F.: Öfvers. af Fin. Vetenskaps-Soc. Förh. A. Mathem. o. Naturw. Bd. 61, S. 1. 1920; Molliard: Cpt. rend. Tome 168, p. 360. 1919; Tome 174, p. 881. 1922; Tome 178, p. 41 (1924); Butkewitsch: Biochem. Zeitschr. Bd. 129, S. 445, 455, 464. 1922.

[3]) Mazé et Perrier: Ann. de l'inst. Pasteur. Tome 18, p. 553. 1905; Tome 23, p. 830. 1909; vgl. auch Elfving: a. a. O.

[4]) Buchner, H. und Wüstenfeld: Biochem. Zeitschr. Bd. 17, S. 395. 1909.

[5]) Es ist kaum statthaft, die Vorgänge der Säurebildung als „Oxalsäuregärung", „Zitronensäuregärung" usw. zu bezeichnen. Nach moderner Auffassung sind echte Gärungen selbständige Systeme von gekoppelten Reaktionen, die vom lebenden Plasma getrennt werden können und als Energiequellen dienen.

zu isolieren. Butkewitsch[1]) hat außerdem dargetan, daß Citronen-säurebildung durch Schimmelpilze auch bei Abwesenheit von Zucker zustande kommt.

Zusammenfassend kann also der Schluß gezogen werden, daß die in großen Mengen entstehenden Pflanzensäuren wie Äpfelsäure, Weinsäure, Citronensäure usw., keine normalen Zwischenprodukte der Sauerstoffatmung sind. Die genannten Säuren entstehen entweder aus Aminosäuren oder aus Zwischenprodukten der Eiweißsynthese[2]), und die Oxydation der gewöhnlichen Pflanzensäuren stellt einen Vorgang dar, der mehr Ähnlichkeit mit der „Eiweißatmung" als mit der „Zuckeratmung" hat.

7. Die Koordination der verschiedenen Vorgänge bei der Pflanzenatmung.

Aus obiger Darstellung ist ersichtlich, daß die normale Sauerstoffatmung der Pflanzen aus verschiedenen Teilstufen besteht und also einen komplizierten Vorgang darstellt. Der glatte Verlauf von so komplizierten Vorgängen, wie es die alkoholische Gärung oder die Sauerstoffatmung sind, ist wohl auf eine merkwürdige Koordinierung der Reaktionsgeschwindigkeiten der einzelnen Teilstufen zurückzuführen. Dafür sprechen verschiedene bekannt gewordenen Fälle der gestörten Koordinierung bei der Pflanzenatmung. Je nach dem Verhältnis der Reaktionsgeschwindigkeiten der beiden hauptsächlichsten Vorgänge, der primären anaeroben Spaltung und der nachfolgenden Oxydation, sind folgende Typen der Pflanzenatmung möglich:

Erster Fall. Die Zymasemenge in den Pflanzenzellen ist übermäßig groß im Vergleich zur Menge der oxydierenden Fermente; daher ist auch die Geschwindigkeit der primären Zuckerspaltung größer als die Geschwindigkeit der nachfolgenden Oxydation. Infolgedessen kann ein Teil des durch die Gärungsfermente angegriffenen Zuckers selbst bei tadellosem Sauerstoffzutritt nicht total verbrennen; die labilen Zwischenprodukte der alkoholischen Gärung verwandeln sich bei aeroben Bedingungen in die stabile Form von Alkohol und CO_2, da die Tätigkeit der Oxydationsfermente

---

_{[1]) Butkewitsch, W.: a. a. O.}

_{[2]) Über Säurebildung bei der Pflanzenkeimung vgl. Windisch und Dietrich: Wochenschr. f. Brauerei. Bd. 35, S. 159. 1918; Lüers, H.: Biochem. Zeitschr. Bd. 104, S. 30. 1920.}

zu einer vollkommenen Oxydation der Gesamtmenge der Gärungsprodukte nicht ausreicht.

Dies ist die Lösung des Problems der Einwirkung des Sauer-
stoffs auf die Hefegärung. Nachdem Nägeli[1]) und Brown[2]) auf
Grund von nicht einwandfreien Berechnungen eine stimulierende
Wirkung des Sauerstoffs auf alkoholische Gärung annahmen,
andere Forscher dagegen, wie Hoppe-Seyler, Pedersen,
Hansen und Chudiakow[3]) das Gegenteil behaupteten, haben
A. Mayer[4]), D. Iwanowski[5]) sowie H. Buchner und Rapp[6])
endgültig festgestellt, daß sowohl bei Sauerstoffzutritt, als bei
Sauerstoffabschluß gleiche Zuckermengen beim Gärungsvorgange
zerstört werden und beinahe gleiche CO_2-Mengen entweichen. Auf
Grund dieser Ergebnisse behaupteten Iwanowski und H. Buchner, daß Hefe bei Sauerstoffzutritt ebenso wie bei Sauerstoffabschluß nur aus dem Vorgange der alkoholischen Gärung die
nötige Betriebsenergie schöpft.

Bereits Iwanowski hat jedoch festgestellt, daß lebende Hefezellen nicht zu unterschätzende Sauerstoffmengen absorbieren; es
ist also einleuchtend, daß sie befähigt sind, Oxydationsvorgänge
zustande zu bringen. Neuerdings haben Kostytschew und
Eliasberg[7]) nachgewiesen, daß Hefe bei Sauerstoffzutritt eine
starke normale Atmung entwickelt, die bedeutend mehr Energie
disponibel macht, als der gesamte Gärungsvorgang, dessen stür-
mischer Verlauf so auffallend erscheint. Es ist nämlich in Betracht
zu ziehen, daß die Veratmung von einem Zuckermolekül ebensoviel
Energie liefert, wie die Vergärung von 25 Zuckermolekülen. Den
veratmeten Zucker kann man auf folgende Weise ermitteln. Bereits

---

[1]) Nägeli, C. v.: Theorie der Gärung. 1879. S. 18.

[2]) Brown, A.: Journ. of the chem. soc. (London) Vol. 1, p. 369. 1892.

[3]) Hoppe-Seyler: Über Einwirkung des Sauerstoffs auf Gärungen.
1881; Pedersen, Meddel. frå Carlsberg laborat. Bd. 1, S. 78. 1878; Hansen:
Ebenda. Bd. 2, S. 133. 1879; Chudiakow, N.: Landwirtschaftl. Jahrb.
Bd. 23, S. 391. 1894.

[4]) Mayer, A.: Ber. d. Dtsch. Chem. Ges. Bd. 13, S. 1163. 1880; Landwirtschaftl. Versuchs-Stationen. Bd. 25, S. 301. 1880.

[5]) Imanowski, D.: Untersuchungen über alkoholische Gärung. 1894.
Russisch.

[6]) Buchner, H. und R. Rapp: Zeitschr. f. Biol. Bd. 37, S. 82. 1899;
„Zymasegärung". 1903.

[7]) Kostytschew, S. und P. Eliasberg: Zeitschr. f. physiol. Chem.
Bd. 111, S. 141. 1920.

Giltay und Aberson[1]) und alsdann H. Buchner und Rapp[2]) haben durch direkte Analysen dargetan, daß bei Sauerstoffzutritt das Verhältnis $CO_2 : C_2H_5OH$ der Hefegärung größer ist als bei Sauerstoffabschluß; nur in letzterem Falle entsprechen die ermittelten CO_2- und Alkoholmengen der theoretischen Gleichung der alkoholischen Gärung. Wir sind also berechtigt, anzunehmen, daß bei ungehindertem Sauerstoffzutritt die dem Alkohol äquivalente CO_2-Menge als Gärungskohlendioxyd, der CO_2-Überschuß aber als Atmungskohlendioxyd zu betrachten ist. Auf Grund dieser Werte ist es möglich, die Mengen des vergorenen und des veratmeten Zuckers zu berechnen. Die von Kostytschew und Eliasberg ausgeführten Berechnungen ergaben, daß etwa $^1/_3$ der gesamten CO_2-Menge bei Luftzutritt auf Sauerstoffatmung zurückzuführen ist; somit beträgt die Menge des veratmeten Zuckers $^1/_9$ der Menge des vergorenen Zuckers, und der Energiegewinn durch Sauerstoffatmung ist etwa 2,5 mal so groß wie der bei Sauerstoffabschluß durch alkoholische Gärung gelieferte. Die bisher ungeklärte Bedeutung des Sauerstoffs für die Hefevermehrung ist nunmehr leicht begreiflich geworden: bei Sauerstoffabschluß ist der Energiegewinn der Hefe so unbedeutend, daß die Zellvermehrung nur dürftig vor sich geht.

Die alkoholische Gärung ist also bei vollem Sauerstoffzutritt ein für die Hefe vollkommen unnötiger Vorgang. Sie findet nur deswegen statt, weil die Hefezellen eine große Menge von Gärungsfermenten führen, die für das anaerobe Leben der Hefe notwendig sind. Bei Sauerstoffzutritt wäre aber eine totale Verbrennung so enorm großer Zuckermengen vollkommen überflüssig; die nicht oxydierten intermediären Gärungsprodukte verwandeln sich also bei tadelloser Aeration in Alkohol und CO_2, da der Luftsauerstoff die genannten intermediären Produkte nicht angreift. Kostytschew und Eliasberg haben durch direkte Zucker-, Alkohol- und CO_2-Bestimmungen nachgewiesen, daß einige Mucorarten, wie z. B. M. racemosus, M. mucedo und Rhizopus nigricans sich ebenso wie Hefepilze verhalten und bei Sauerstoffzutritt gleichzeitig Sauerstoffatmung und alkoholische Gärung unterhalten. Die für die Hefe gegebene Erklärung wird durch Untersuchungen über Mucoraceen in mancher Beziehung bekräftigt. So ist z. B. die alkoholische Gärung von Rhizopus nigricans

---

[1]) Giltay und Aberson: Jahrb. f. wiss. Botanik. Bd. 26, S. 543. 1894.
[2]) Buchner, H. und Rapp: a. a. O.

bei Sauerstoffzutritt so schwach, daß sie für die Lebensbedürfnisse des Pilzes offenbar nicht ausreicht; trotzdem dauert sie bei tadelloser Aeration fort, da das Verhältnis der oxydierenden Fermente zu den Gärungsfermenten eine totale Zuckerverbrennung verhindert.

Zweiter Fall. Die Mengen der Oxydationsfermente und der Gärungsfermente sind in den Pflanzenzellen so koordiniert, daß die Geschwindigkeit der primären Zuckerspaltung immer geringer ist, als die Geschwindigkeit der nachfolgenden Oxydation. Infolgedessen kommt es bei Luftzutritt nie zur Alkoholbildung, da die Gesamtmenge der intermediären Gärungsprodukte in die Endprodukte der Sauerstoffatmung übergeht. Dies ist die gewöhnliche Atmung der Samenpflanzen und der streng aeroben Mikroorganismen, in denen selbst bei niedrigem Sauerstoffgehalte eine totale Zuckerverbrennung zustande kommt[1]). Folgende bereits vorstehend erwähnte Beobachtung kann als Illustration des ungleichen Verhaltens von streng aeroben Pilzen wie Aspergillus niger einerseits, und zwar ebenfalls aeroben, aber zymasereichen Gärungspilzen, wie Hefearten und Mucoraceen andererseits, bei etwas gehemmtem Sauerstoffzutritt dienen[2]). Wird Aspergillus niger in eine Zuckerlösung getaucht, so erzeugt er keine Spur von Alkohol, falls die Oberfläche der Lösung mit Luft in Berührung bleibt; die oxydierende Fähigkeit dieses Pilzes ist so mächtig, daß selbst die in der Lösung enthaltene geringe Sauerstoffmenge zu einer vollkommenen Oxydation des Atmungsmaterials ausreicht. Ganz anders verhalten sich gärungstüchtige Hefepilze und Mucoraceen; sie entwickeln unter den gleichen Versuchsverhältnissen eine lebhafte alkoholische Gärung, und die Zuckerverbrennung wird eingestellt.

Dritter Fall. Die Pflanzenzellen enthalten eine unzureichende Menge von Gärungsfermenten; daher sind die oxydierenden Fermente nicht nur imstande, die Gesamtmenge der intermediären Gärungsprodukte total zu verbrennen, sondern greifen darüber hinaus auch den unzersetzten Zucker an, da ihre Wirkungsfähigkeit an den geringfügigen Mengen der Gärungsprodukte nicht

---

[1]) Stich: Flora. Bd. 74, S. 1. 1891; Amm: Jahrb. f. wiss. Botanik. Bd. 25, S. 1. 1893; Johannsen: Untersuch. aus d. botan. Inst. Tübingen. Bd. 1, S. 716. 1885.

[2]) Kostytschew, S. und M. Afanassjewa: Journ. d. russ. botan. Ges. Bd. 2, S. 77. 1917.

erschöpft wird. Ein allerdings nicht vollkommen sichergestelltes
Beispiel dieser Art stellt die Gluconsäurebildung durch Aspergillus niger dar. M. Molliard[1]) hat gefunden, daß Aspergillus niger bei Mangel an mineralischen Nährstoffen Traubenzucker zu Gluconsäure oxydiert:

$$2\,CH_2OH \cdot (CHOH)_4 \cdot CHO + O_2 = 2\,CH_2OH \cdot (CHOH)_4 \cdot COOH.$$

Es ist nämlich für oxydierende Pflanzenfermente bezeichnend,
daß sie weder Kohlenstoffketten sprengen, noch Kohlenstoffatome
mit Sauerstoff zu binden vermögen. Davon war schon vorstehend
die Rede. Deshalb ist Boysen-Jensen[2]) im Irrtum, wenn er
sich dahin ausspricht, daß die Fähigkeit der Pflanzen, den Zucker
direkt (d. i. ohne Beteiligung der Gärungsfermente) zu vergären,
durch solche Vorgänge, wie z. B. Sorbitoxydation zu Sorbose,
Glycerinoxydation zu Dioxyaceton, Traubenzuckeroxydation zu
Gluconsäure usw. bestätigt sei. Alle soeben erwähnten Reaktionen
liefern im Gegenteil schlagende Beweise dafür, daß bei direkten
Oxydationen im Plasma der Pflanzenzellen nichts anderes als
Wasserstoffoxydation herbeigeführt wird und es zu einer Sprengung
der Kohlenstoffketten nicht kommt.

Die vorstehend dargelegten Gesetzmäßigkeiten wurden zuerst
dadurch begründet, daß die aus verschiedenen Pflanzen dargestellten Gemische der Atmungsfermente [3]) sehr ungleiche Zusammensetzung aufwiesen. Dies hat Kostytschew[4]) bald nach
Entdeckung der Zymase festgestellt. Es gelang ihm, aus gärungsfähigen Schimmelpilzen trockene Präparate darzustellen, die in
jeder Beziehung der abgetöteten Hefe (Zymin und Hefanol) ähnlich waren. Streng aerobe Schimmelpilze lieferten dagegen Präparate von Fermentgemengen, die außerhalb der lebenden Zelle
einen der Atmung vollkommen analogen Gaswechsel bewirken,
was auf ein entsprechendes quantitatives Verhältnis des Spaltungs-
und der Oxydationsfermente zurückzuführen ist. Streng aerobe
Pilze enthalten nämlich eine große Menge von oxydierenden

<hr>

[1]) Molliard, M.: Cpt. rend. Tome 174, p. 881. 1922; Tome 178, p. 41
(1924).

[2]) Boysen-Jensen, P.: Biol. Meddel. udgivne af det Danske videnskab.
Selskab. Bd. 4, S. 29. 1923.

[3]) Diese Bezeichnung wurde zuerst von Kostytschew, S.: Botan. Ber.
Bd. 22, S. 207. 1904 eingeführt.

[4]) Kostytschew, S.: Ber. d. botan. Ges. Bd. 22, S. 207. 1904; Zentralbl.
f. Bakteriol., Parasitenk. u. Infektionskrankh., Abt. II. Bd. 13, S. 490. 1904;
vgl. auch Maximow, N.: Ber. d. botan. Ges. Bd. 22, S. 225. 1907.

Induktoren. Durch diese Versuche wurde zuerst dargetan, daß die Sauerstoffatmung einen fermentativen Vorgang darstellt. Präparate von Dauerhefe, die aus abgetöteten Hefezellen bestehen, üben keine oxydierende Wirkung aus. Solange nur solche Präparate bekannt waren, hatte es den Anschein, als ob die Fähigkeit, molekularen Sauerstoff zu einer mit CO_2-Ausscheidung verbundenen Oxydation organischer Stoffe zu verwenden, nur dem lebenden Plasma eigen wäre. Danach erschien die Atmung nicht als ein einheitlicher chemischer Vorgang, sondern als eine Resultante der heterogenen, sich im lebenden Plasma abspielenden Stoffumwandlungen, um so mehr, als inzwischen erkannt worden war, daß oxydierende Fermente nur den Wasserstoff, aber nicht den Kohlenstoff organischer Stoffe mit Sauerstoff binden können. Erst nachdem gefunden war, daß der respiratorische Gaswechsel auch durch abgetötete Zellen bewirkt wird, konnte von einem Mechanismus der Zuckerverbrennung die Rede sein.

Überblicken wir die bisher bekannt gewordenen Tatsachen aus dem Gebiete der chemischen Vorgänge, welche bei der Sauerstoffatmung stattfinden, so kommen wir zu dem Schluß, daß die experimentelle Forschung im Laufe der letzten Jahre durchaus neue Ziele verfolgt. Früher war meistens nur die äußere Seite der Atmung (Einfluß verschiedener Reizwirkungen, des Entwicklungsstadiums usw.) Gegenstand der Untersuchung. Gegenwärtig entwickelt sich aber die eigentliche Biochemie der Atmung, die vorläufig zwar nur vereinzelte Resultate zu verzeichnen hat, doch erlauben die bereits errungenen Ergebnisse eine zusammenhängende Theorie der Atmung aufzustellen, die für weitere Untersuchungen als Arbeitshypothese dienen kann. Auch ist nunmehr einleuchtend, daß die weitere Entwicklung der Lehre vom Chemismus der Pflanzenatmung mit den chemischen Untersuchungen über die alkoholische Gärung in engem Zusammenhange steht. In erster Linie wäre es höchst wichtig, diejenige Verbindung zu identifizieren, die als intermediäres Produkt der Sauerstoffatmung und zugleich der alkoholischen Gärung dient, die also aus Zucker unter Anteilnahme der Gärungsfermente gebildet und alsdann durch oxydierende Agentien zu den Endprodukten der Atmung verbrannt wird. Es ist die Annahme nicht ausgeschlossen, daß die oxydierenden Fermente verschiedene Gärungsprodukte angreifen, doch bildet wohl die am meisten oxydable Substanz das normale Zwischenprodukt der Sauerstoffatmung. Vorstehend

wurde bereits darauf hingewiesen, daß diese Substanz wahrscheinlich noch keine Methylgruppe enthält.

Zum Schluß wollen wir noch die Frage aufwerfen, ob Gärungsorganismen existieren, die selbst bei tadelloser Aeration nicht
atmen. Daß Hefe bei vollem Sauerstoffzutritt ihre Betriebsenergie
hauptsächlich dem Vorgange der Sauerstoffatmung verdankt,
scheint nach den Untersuchungen von Kostytschew und Eliasberg (a. a. O.) kaum zweifelhaft zu sein. Überhaupt wäre vielleicht die Schlußfolgerung nicht zu gewagt, daß Organismen, die
bei Sauerstoffabschluß alkoholische Gärung erzeugen, bei Sauerstoffzutritt normal atmen. Dies ist aber nicht für alle Gärungen
der Fall. Noch unveröffentlichte Untersuchungen von S. Kostytschew und M. Afanassjewa zeigen, daß die Milchsäuregärungs-
erreger Bac. caucasicus und Bacterium lactis acidi Leich-
mann, welche Zucker ohne Bildung von Nebenprodukten glatt
zu Milchsäure vergären, bei tadelloser Aeration nicht die geringste
Spur von Kohlendioxyd bilden; sie sind also zur Atmung vollkommen unfähig. Es ist zu beachten, daß die genannten Bakterien, die in die Kategorie der fakultativen Anaeroben gehören,
pro Einheit der Trockensubstanz viel größere Zuckermengen vergären als Hefe, die nur als temporär anaerobiotischer Pilz zu
bezeichnen ist und sich ohne Luftzutritt nicht unbeschränkt
lange Zeit weiterentwickeln kann.

V. Die Atmung auf Kosten von mineralischen Stoffen.

1. Nitrifizierende Bakterien.

Durch die bahnbrechenden Untersuchungen von S. Wino-
gradski wurden Bakterien entdeckt, die in rein mineralischen
Medien gut gedeihen und eigenartige Stoffumwandlungen be-
wirken. Von all diesen Organismen sind die nitrifizierenden
Bakterien besonders auffallend, da sie in Reinkulturen nur bei
Abwesenheit von organischen Stoffen kultiviert werden können.
Nach Winogradski und Omelianski[1]) wird das Wachstum

---

[1]) Winogradski, S. und W. Omelianski: Zentralbl. f. Bakteriol.,
Parasitenk. u. Infektionskrankh., Abt. II. Bd. 5, S. 338, 377, 429. 1899;
vgl. auch Meyerhof, O.: Pflügers Arch. f. d. ges. Physiol. Bd. 165, S. 229.
1916; Bd. 166, S. 240. 1917.

von nitrifizierenden Mikroben durch folgende Mengen verschiedener organischer Stoffe gehemmt bzw. verhindert:

Organische Stoffe	Nitrosomonas europaea		Nitrobacter	
	Wachstum gehemmt	Wachstum verhindert	Wachstum gehemmt	Wachstum verhindert
Traubenzucker	0,025	0,05	0,05	0,2
Pepton.	0,025	0,2	0,8	1,25
Asparagin	0,025	0,3	0,05	0,5
Glycerin	0,2	—	0,05	1,0
Ammoniak	—	—	0,0005	0,015

Die Isolierung von Reinkulturen der nitrifizierenden Mikroben gelingt nur bei Anwendung von Kieselsäuregallerte oder festen Papierplatten, da weder Gelatine noch Agar ein Wachstum diesen höchst eigenartigen Organismen gestatten.

Wie bekannt, bewirken die nitrifizierenden Mikroben eine energische Nitratbildung aus Ammoniaksalzen, und zwar oxydiert Nitrosomonas bzw. Nitrosococcus Ammoniak zu salpetriger Säure, Nitrobacter vollendet aber den Gesamtvorgang, indem es HNO_2 zu HNO_3 oxydiert. Beide Reaktionen sind exothermisch:

(I) . . . $2\,NH_3 + 3\,O_2 = 2\,HNO_2 + 2\,H_2O + 158\ Cal.$

(II) . . . . . $2\,HNO_2 + O_2 = 2\,HNO_3 + 43,2\ Cal.$

Wir sind vollkommen berechtigt, diesen Vorgang als Atmung zu bezeichnen, zumal da keine simultane Verbrennung der organischen Stoffe bei den nitrifizierenden Mikroben stattfindet. Die Menge des vom Nitrobacter aufgenommenen Luftsauerstoffs entspricht nach Untersuchungen von Meyerhof[1]) genau der Menge des oxydierten Nitrits; eine Oxydation der organischen Stoffe ist also ausgeschlossen. Dies ist aus folgender Tabelle ersichtlich:

O_2 aufgenommen	O_2 zur Oxydation des Nitrits verbraucht
0,270 ccm.	0,273 ccm
0,392 ,, ...	0,396 ,,
0,277 ,, ...	0,290 ,,
0,293 ,, ...	0,295 ,,
0,244 ,, ...	0,240 ,,

Es ist somit begreiflich, wie Nitrobacter bei Abwesenheit von organischen Stoffen die für seine Lebensbedürfnisse notwendige

---

[1]) Meyerhof, O.: Pflügers Arch. f. d. ges. Physiol. Bd. 164, S. 353. 1916.

Betriebsenergie gewinnt. Der Vorgang der NH_3- bzw. HNO_2-Oxydation ist so energisch, daß, wie bekannt, die freigewordene Energie dazu ausreicht, das atmosphärische Kohlendioxyd ohne Anteilnahme der strahlenden Energie zu assimilieren. Für Nitrosomonas hat Winogradski gefunden, daß auf 33,3—36,6 Moleküle oxydierten Ammoniaks 1 Atom Kohlenstoff assimiliert wird. Nitrobacter assimiliert nach Meyerhof 1 Atom Kohlenstoff auf 131—146 Moleküle oxydierten Nitrits. Diese Zahlen entsprechen genau den Wärmetönungen der Ammoniak- und der Nitritoxydation (s. o.).

2. Schwefelbakterien, Eisenbakterien, Wasserstoffbakterien u. a.

Das von Winogradsky[1]) zuerst beschriebene eigentümliche Verhalten der Schwefelbakterien deutet darauf hin, daß hier ebenfalls eine Atmung auf Kosten eines mineralischen Stoffes vorliegt. Durch die Untersuchungen von Dangeard und Keil[2]) wurde endgültig bewiesen, daß Beggiatoa auf rein mineralischen Lösungen in Reinkulturen gezüchtet werden kann. Unter diesen Verhältnissen assimiliert Beggiatoa das Kohlendioxyd der Luft und verhält sich also den nitrifizierenden Bakterien durchaus analog. Die Atmung von Beggiatoa besteht darin, daß Schwefelwasserstoff zunächst zu molekularem Schwefel und alsdann zu Schwefelsäure oxydiert wird:

$$\text{(I)} \ldots \ldots \ldots \ldots H_2S + O_2 = H_2O + S$$
$$\text{(II)} \ldots \ldots \ldots \ldots S + 3\,O = SO_3.$$

Die Oxydation von einem Molekül H_2S zu H_2SO_4 ist mit einem Freiwerden von 115 Kalorien verbunden.

Auch die von Nathansohn[3]) entdeckten Thiosulfatbakterien gedeihen ohne jede organische Nahrung. Als Atmung benutzen sie folgende Reaktion:

$$6\,Na_2S_2O_3 + 5\,O_2 = 4\,Na_2SO_4 + 2\,Na_2S_4O_6.$$

----

[1]) Winogradsky, S.: Botan. Zeitschr. Bd. 45, S. 489. 1887; Ann. de l'inst. Pasteur. Bd. 3, S. 49. 1889.

[2]) Dangeard: Cpt. rend. Tome 153, p. 963. 1911; Keil: Cohns Beitr. Bd. 11, S. 335. 1912.

[3]) Nathansohn: Mitt. d. Zool. Stat. Neapel. Bd. 15, S. 655. 1902; Beijerinck: Zentralbl. f. Bakteriol., Parasitenk. u. Infektionskrankh., Abt. II. Bd. 11, S. 593. 1904.

Diese Oxydation ist mit einem bedeutenden Freiwerden von Energie verbunden. Die Eisenbakterien oxydieren Ferrosalze zu Ferrisalzen; dieser exothermische Vorgang dient ihnen als Atmung[1]), da sie auf rein mineralischen Lösungen gezüchtet werden können. Auch die Wasserstoffbakterien[2]) atmen auf Grund der Wasserstoffverbrennung:

$$2\,H_2 + O_2 = 2\,H_2O$$

und sind imstande, die dabei freigewordene Energie zur Assimilation des atmosphärischen Kohlendioxydes zu verwerten. Was nun die Methanbakterien[3]) anbelangt, die Methan zu CO_2 und Wasser oxydieren,

$$CH_4 + 2\,O_2 = CO_2 + 2\,H_2O,$$

so bleibt dahingestellt, ob dieser Vorgang als eine direkte Oxydation oder als eine gewöhnliche Zuckeratmung aufzufassen ist. Methan könnte nämlich als Material für die Zuckersynthese dienen; wissen wir doch, daß einige Mikroben Kohle, Torf, Paraffinöl und andere sehr schwer assimilierbare Stoffe auszunutzen vermögen. Hierbei wird zweifellos Zucker aufgebaut, der alsdann als Atmungsmaterial dient. Die Produkte der Methanoxydation sind nichts anderes als normale Atmungsprodukte bei Zuckerernährung.

Auch Oxydationen von anderen mineralischen Stoffen können vielleicht von einigen Mikroben als Atmung ausgenutzt werden, und neue Entdeckungen auf diesem Gebiete sind nicht ausgeschlossen. Beachtenswert ist der Umstand, daß namentlich chemosynthesierende Bakterien auf Kosten von mineralischen Stoffen atmen. Die einfachen Oxydationen der mineralischen Stoffe, die keine komplizierten, aus mehreren Teilstufen bestehenden Vorgänge bilden und als Ionenreaktionen mit einer unmeßbar großen Geschwindigkeit verlaufen, scheinen besonders dazu geeignet zu sein, die ungemein großen Energiemengen zu liefern, die für das Zustandekommen der Chemosynthese notwendig sind.

---

[1]) Winogradsky, S.: Botan. Zeitschr. Bd. 46, S. 261. 1888; Lieske, R.: Jahrb. f. wiss. Botanik. Bd. 49, S. 91. 1911; Bd. 50, S. 328. 1912; Zentralbl. f. Bakteriol., Parasitenk. u. Infektionskrankh., Abt. II. Bd. 49, S. 413. 1919.

[2]) Söhngen: Zentralbl. f. Bakteriol., Parasitenk. u. Infektionskrankh., Abt. II. Bd. 15, S. 513. 1906; Kaserer: Ebenda. Bd. 15, S. 575. 1906; Bd. 16, S. 681, 769. 1906; Lebedew, A. F.: Biochem. Zeitschr. Bd. 7, S. 1. 1908; Niklewski: Jahrb. f. wiss. Botanik. Bd. 48, S. 113. 1910; Zentralbl. f. Bakteriol., Parasitenk. u. Infektionskrankh., Abt. II. Bd. 20, S. 469. 1908.

[3]) Söhngen: a. a. O.; Kaserer: a. a. O.

Sachverzeichnis.